台灣π

發現太平洋抹香鯨

廖鴻基等 著
花蓮縣福爾摩沙協會 策畫

推薦序

不僅是科學觀察，更是對大自然的敬畏

管碧玲
海洋委員會主任委員

在深邃的太平洋裡，有一個神祕的世界，充滿了無盡的未知。而在這片蔚藍的海域中，存在著一種令人著迷的生物，牠們就是長相獨特，名稱也獨特的抹香鯨。這種長達十八公尺的大型海洋哺乳動物，一直以來都是海洋生態學中的一大謎題。

《臺灣π：發現太平洋抹香鯨》帶領讀者進入太平洋深處探索，在追隨著抹香鯨足跡的過程中，透過細膩的描寫和紀實的歷史，讓我們一同搭乘著夢想航班，身歷其境地走進這個奧妙又神祕的海洋世界，了解各種鯨豚的行為與互動模式，感性地呈現海洋生態趣事。

回顧歷史的鏡頭，抹香鯨曾受大量獵殺，儘管國際自然保育聯盟（IUCN）紅皮書已將牠列為易危的物種，但實際生活中，抹香鯨仍不可避免地面臨多種威脅，包括漁具的纏繞、誤食漁具和海洋垃圾，以及與船隻的意外碰撞等。為確保海洋環境和生態系的永續，讓我們更加堅定推動《海洋保育法》的決心，這不僅是為了維護抹香鯨及其牠海洋生物的生存，也是我們共同的使命。

最後，謹向參與「拜訪太平洋抹香鯨π計畫」及默默守護大海的夥伴們表達我最真摯的謝意，這本航海紀錄不僅是科學觀察，更是對大自然的敬畏。我誠摯呼籲各位讀者，共同關心環境，減少使用一次性物品、降低海洋廢棄物，為海洋保育盡一份心力，因為保護鯨豚是我們對未來世代的承諾與責任。

推薦序

因為那是我們生命的一部分

財團法人勇源教育發展基金會執行長 **陳致遠**

近年來大家對於環境保護、永續的議題，投入了許多心力。我也思考著，如果我們對於身處的環境，能夠多加探索，因探索而瞭解共生的美妙，應該會不忍破壞這個和人類血脈相連的環境，不需提醒，我們就會起身保護，因為那是我們生命的一部分。

台灣四周環海，我一向喜愛湛藍的海洋，在某個機緣下和廖鴻基老師一起開始了「拜訪太平洋抹香鯨π計畫」，並且號召許多熱情的海幫手。透過本書的紀錄，我們與鯨豚相遇，在大海裡共舞。

每一次的出海探詢，都是一期一會，能遇到何種生物？會發生什麼事？產生什麼驚喜與感動？又在心裡滋長出什麼念頭？沒有一件是可以預測的。

就讓我們帶著一顆熱切的心，邀請更多讀者，無論晴雨，一起航行、探索海洋新世界。

目次

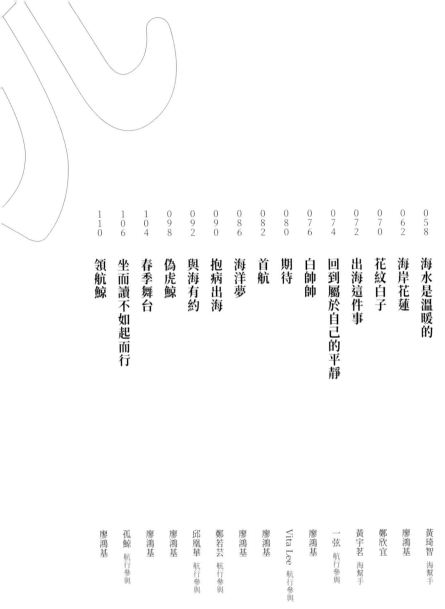

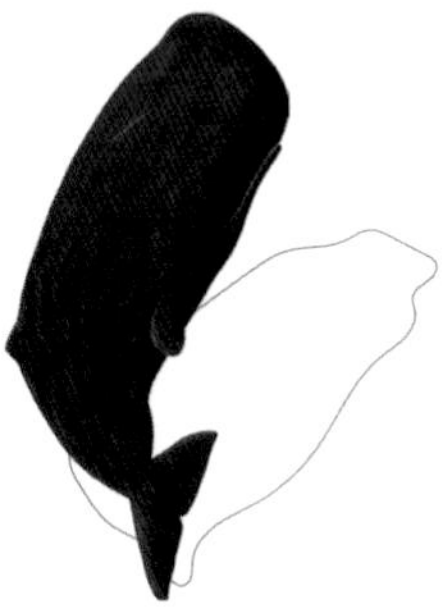

來到船邊的抹香鯨。　攝影／廖鴻基

合和

廖鴻基

　　夏至晴朗，南風微，陽光直曬，夜裡聚集在海面的水氣，充分日曬後隨海風上岸，順勢爬上面對太平洋的陡峭山壁，一定高度後氣溫下降，水氣凝成裊裊白雲擱淺於千仞山嶺。崖下湧浪起伏，海面蕩漾，數百里外持續的風造成的海水上下運動自遠方脈傳到工作船邊，船隻順著彷彿海神呼吸的節奏文文俯仰，稀微南風在起伏不息的湧浪臉上畫出皺玻璃般的細紋風痕。一頭身形龐碩的抹香鯨，粗壯原木般懸浮於湧浪間，以兩艘船身距離漫游在船隻右前舷悠悠噴氣。這場偶遇讓船上所有人心跳加速，但船長熟練地讓船隻的心跳降到最低。這頭抹香鯨的身長與二十公尺長的工作船不相上下，這樣的身長和距離，打亂了船上每個人的呼吸和心跳。儘量屏住氣息、能不眨眼就不眨，想要爆開來的呼喊都用力壓住。這頭抹香鯨，暗褐體色，胸腹皺褶，肥腹肚，長相奇特，突如其來的偶遇，情緒很快在甲板上興風作浪。牠來自無人知悉的遠方，來自人類想像無法

潛入的深沉海域；而我們來自陸地，來自山脈蓊鬱如一道屏風橫亙曾被西方水手「Ilha Formosa」讚美的美麗島嶼。稍早，來自島嶼各城市的夥伴們，抱著期待，從花蓮港賞鯨碼頭登船。城市裡穩當生活一陣子後，安穩的心便會捺不住的春意般，像春天的芽，嚮往更寬廣、更自由的另一個空間。好奇在碼頭上集合，一起登上這艘探索夢想的船班。踩上甲板的這一刻，包括經驗豐富的船長，沒人知道這趟航程中可能遇見什麼。大家知道，那片世界除了湧動不息，沒有戲碼、沒有菜單，幾乎無可預約。岸上尋不著的答案，必須由遼闊深遠的航程來回答。船隻通過狹窄航道離開防波堤的防護邁浪出港。回頭看著建築物密聚的城市落在艉浪白沫中越來越遠。船前眺望，海天之際白雲叢叢如長在天邊的虛幻山城。深吸一口帶著淡薄鹹味的海風，船邊水聲嚄嚄，每一聲心跳都是期待的鼓聲，我們的眼光漂浮在海面往復穿越，期待不同於岸上不同於城市的機緣隨時可能在船邊聚攏合和。

一群人一艘船

廖鴻基

執行「拜訪太平洋抹香鯨π計畫」，需要一群人、一艘工作船及一筆預算來運行。

計畫成形於二〇二二年初，但尋求支持的籌備階段，如春季一波三折冷暖多變的天氣，計畫的起跑並不順利。提案被拖延、被拒絕、被潑冷水。這輩子執行不少海上計畫，不是沒有挫折經驗，但這次受挫的屈辱感特別強烈。現實上，提案被拒絕後若要繼續，必須從零開始：必須成立一個立案的人民團體來承辦計畫，必須徵求一群理念相同且具備能力的人來參與，必須募集到計畫開辦基本經費……必須一步一腳印從頭開始。

海上航行，起伏是常態，波折是無可豁免的經歷，三十年海上生活教我最多的是遭遇惡劣海況時必要面對、必要進取和堅持，最怕的是退縮或是陷在漩渦裡浮不上來。

跟幾位理念相同願意一起航向遠大目標的朋友說，「被瞧不起，所以要更努力。」

二〇二二年底「花蓮縣福爾摩沙協會」成立。透過招募與培訓，找到一群有理想、有熱情和有能力的海洋新鮮人。感謝多羅滿賞鯨公司配合一艘二十噸賞鯨船「多羅滿號」為工作船。募得一點基本費用。一年生聚教訓，二〇二三年二月十九日計畫首航。

撲倒而崛起，從谷底奮起的這一年，心中盈滿感激。一年來攜手走來的每位朋友，無論是籌備參與、海上工作參與、經費贊助或航行參與，感激每一筆雪中送炭的恩情。

我們承諾，資源取之於社會，必得回饋於社會，三年計畫收集到的資料和成績，將提供給對海洋、對鯨豚研究有興趣的朋友做進一步分析與研究，或是對海洋藝文感興趣的朋友延伸這些資料轉化為海洋藝文作品。

我們相信，三年計畫累積的資料及其延伸出來的成績，將在台灣陸地與海洋間架起許多道橋樑，讓台灣社會走過這些橋樑看見並珍視我們的海。

我們也相信，繼一九九六年「花蓮海域鯨豚生態調查」，以及一九九七年以海洋教室理念創辦的台灣賞鯨活動，從獵殺到觀察，逆轉台灣社會與鯨豚的關係，翻轉改變了台灣社會的「鯨豚文化」後，再一次，我們以二〇二三至二〇二五年「拜訪太平洋抹香鯨π計畫」，實質影響台灣社會向海的腳步。

我們承諾，以榮耀呈顯台灣海洋。

TEL:8333821
總乘載人數:33人
限載乘客:31人
船員人數:2人
TURUMOAN

工作船「多羅滿號」。　攝影 / 蘇聖傑

開放與傳承

藍振峰

協會成立之前，承蒙邀約，成為協會籌備期間討論、協商的夥伴。

我們對於協會草創期主要參與者的專長進行討論。過去，協會成員有幾位海洋專業，而我則對於陸地不能忘情，因而共同決定，這個協會的目標不僅關心海洋，同時也關心這片土地上的人、事、物。因此選擇了十六世紀葡萄牙水手航行於海上，驚見這座島嶼而忘情讚美的典故，取名為「花蓮縣福爾摩沙協會」。

協會成立有兩個重要宗旨：

一、公開：我們希望成立一個透明公開的平台。每一項調查或研究最重要的工作就是基礎資料的累積，而資料的累積往往需要耗費人力及資源來執行調查工作，越來越少單位或組織願意支持或執行，然而沒有這些調查資料為背景，所有的結論將被質疑為臆測，我們希望鼓勵及號召更多人投入建立資料累積的工作，做出的成果將提供給有需求的單位或個人來分析、討論或使用。我們的經費來自社會，成果理當回饋給社會。

二、傳承：為了讓關心這片土地、這片海洋的觀念及相關工作能持續下去，善用協會的資源，將理念及方法傳承給下一代的年輕朋友，成為善的種子，將保育的工作世代接續下去。

協會成立後，有感於要做的事情太多，協會的人力太少，我們的好夥伴多羅滿賞鯨公司一力擔起人員招募、協尋講師及教育訓練，並無償出借場地讓協會志工可以有地方上課、討論、訓練及整理資料。種種協助，銘感於心。之後更以極優惠的價格提供調查工作船，讓這群追求夢想的人有實踐夢想的工具及寄託。

透過海幫手的招募及訓練，看到了許多年輕人願意發揮本質學能，帶著熱情投入協會的志工行列，令我感到欣慰。好幾位海幫手，不但主動擔起調查工作任務，並很快展現其領導能力，發揮主動協調、主動承擔的精神令人佩服。

協會目前已完成兩梯次共約九十人海幫手培訓工作，希望能以正向的工作目標感動大家，成為關心台灣這片土地及海洋的種子，未來持續投入本會進行的相關計畫，期待大家的努力下讓台灣更美好。

海幫手

廖鴻基

這一群人從二〇二三年初「海幫手」的招募開始。協會招募了有能力多方面協助計畫的志工夥伴。經由面談以及相互了解，過程中我們訝異，台灣新一代年輕人轉身面對及走向海洋的強烈意願。而且，他們操作電子工具的能力，已到了讓像我這一年代的人完全看不懂也聽不懂的程度。接觸這群海幫手，深深覺得，自己還能拿出來炫耀的部分恐怕只剩下以時間鋪陳的海洋經驗而已。

首航那天，工作船被一群熱情的偽虎鯨群拖住長達兩個半小時，這時間裡，海幫手們執行記錄工作幾乎沒有空檔，沒得休息。當工作船終於留下捨不得的航跡離開牠們往外海尋找新機會時，海幫手們才得喘口氣休息。

和煦陽光曬在艉甲板上，斜照在一位倚著艉舷船欄休息的年輕海幫手，他額頭懸著汗滴，曬紅的臉上眉頭微皺但滿臉微笑，顯示剛才經過的那場仿若敲鑼打鼓般的近距

離熱情接觸。

「暈船嗎?」打招呼也是慰勞之意。

「稍微,還好。」

「甲板上頻繁俯身操作,最容易暈船,做做深呼吸緩和一下。」以過來人經驗建議這位海幫手。

「還好,休息一下就可以。」

熱情、大海、陽光、汗水下收穫後的年輕臉孔,這一幕在我心中晃了許久,比起二月顛簸的海況還要激動許多。

看到這樣年輕、樸實且各有專業的海幫手們,如此熱情投入海上計畫,讓我想起自己海上工作一路走來,甲板上曾遇到過的純粹、熱情的多位年輕朋友,儘管這些曾經樸素的年輕朋友逐漸成熟老練,但讓我恆久記憶且振奮我心的一直是那初初投入海洋的純粹初衷。開放、流動、多元、包涵的海洋特色外,我還看見海幫手們謙虛質樸的特質。

你幫我,我幫你,我們幫大海,大海幫我們,計畫將在這樣的根柢上有了穩實的基礎和好的開始,相信我們有能力攜手為海洋台灣寫下新頁。

切換

鄭欣宜

我在不同的角色有不同的名字，家人喊我小名，綽號是朋友面前的我，同事稱呼我姓名的後兩字，Mandy 則是工作模式的我。

有段時間開始懷疑自己的工作價值，覺得一直被時間追著跑，但日子沒在過，那時辦公桌面、牆面、螢幕桌布布滿著各種鯨豚，工作卡關的時候望一眼這些療癒小物，「沒事。假裝自己在海裡也是一種生活態度。」我對自己說，直到看見黑潮在募集解說員培訓，或許想要出去流浪只是因為不喜歡當下被困住的自己。

表單送出的那一刻，好像賦予自己一個全新的生活動力，每天都期待公布入選。「很遺憾地婉謝您的報名。」我落選了。難過嗎？好像更多的是對自己失望。渾渾噩噩的日子裡開了一個插畫帳號「山海這個樣子」，三分之一的山、三分之一的海，還有最後的三分之一留給自己。百岳所以迷人，是因為爬山的時候什麼都不用想，只要記得繼續呼吸和往前走就好，那麼海呢？

有人問我，最喜歡的鯨豚種類是什麼？這個問題對我來說太難回答，畢竟喜歡的太多，「最」這個字不能亂用。一開始榜上有鯨鯊（其實不是鯨）、抹香鯨、大翅鯨、虎鯨、領航鯨，不過如果我今天在海上見了誰，那種類就很容易把榜上的其牠五位擠下去。

當遊客的時候，我總是一上船就衝向船頭的位置，那邊可以離鯨豚最近，看著牠們一潛一浮搭配著噴氣孔一開一闔超級療癒，但當工作人員的時候船尾才是收音的絕佳位置。那天幸運地當了溫老師的小助手，我還特地說：「看見海豚的時候我會克制自己不要尖叫。」（後來才知道其實根本也收不到空氣中的聲音）跟著他學習機器的操作，丟下麥克風、調整機器、戴上耳機仔細聽，水波聲間參雜一點點高頻哨音，看著老師嘴角上揚我知道這就是鯨豚的聲音。

那天遇到一個小插曲，再遇見第二群花紋海豚的時候，我接過機器準備確認水下錄到的聲音，「咦？怎麼好像是人的聲音？」溫老師聽我說完也一臉疑惑，再仔細聽竟然是地下賣藥電台，全船的人都傻眼心裡也覺得荒謬，耳機就這麼傳了一輪大家都聽到了，那趟航班後來無論再怎麼調整設備，我們再也沒錄到想要的聲音，取而代之的都是地下電台。直到現在，還是沒有解開這個謎團。但我能確定的是我那天最喜歡的鯨豚是花紋海豚，而且還是會賣藥的花紋海豚（誤）。

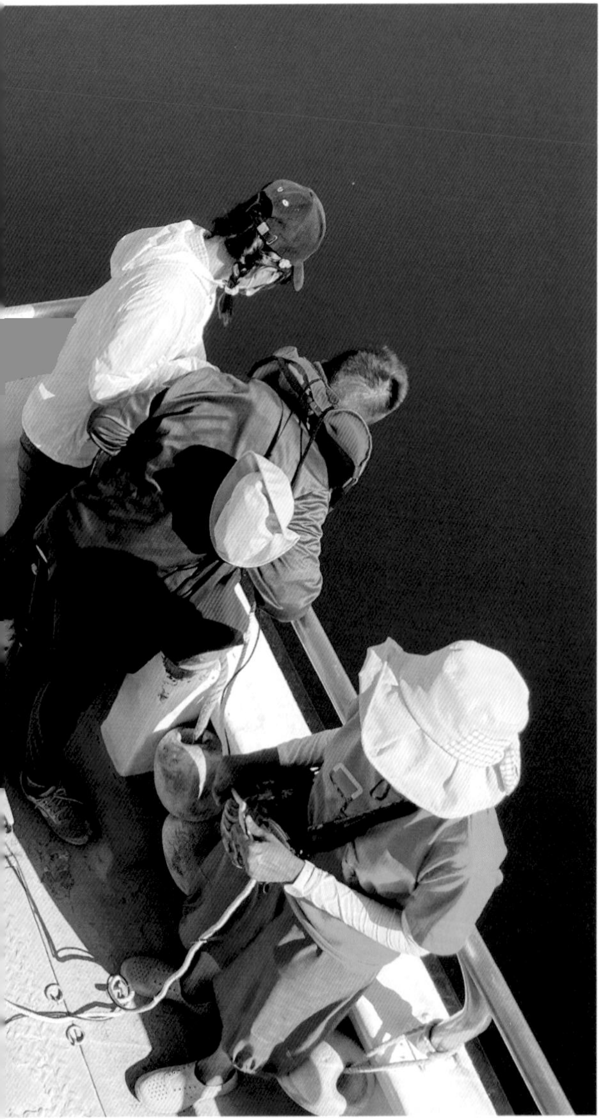

在甲板工作的夥伴。　攝影／鄭欣宜

競爭激烈

曾天白

結束了花蓮縣福爾摩沙協會的三天海幫手培訓，衝擊最大的部分，不是培訓內容，而是授課老師們提到，「台灣社會的高度競爭，必須從海洋出發尋找出路。」果然，我們海幫手這群志工團隊的組成也是如此競爭激烈。

報名成員來自全台各地，經初步篩選後有社工、鯨豚飼養員、月刊編輯、老師、律師、出版業者、會計師事務所的永續發展部門、前端視覺設計師、海豚觀測員、珊瑚礁生態研究員、遠洋漁船觀察員、擁有動力小船駕照的研究生、年輕但充滿自信的大學生，或是參與過海洋相關團體的志工。這群人，為了兩個週末的課程，從全台各地跑來參加海幫手志工培訓。而最後，竟然還要從這些人中篩選一部分人能在計畫航班中專業值勤。

這種競爭，也呈現在協會找來的講師身上。科博館研究員、中華鯨豚協會祕書長、生態攝影師、海洋作家、賞鯨公司總經理、環教師、資深解說員、資深船長、海洋聲學專家、野鳥協會總幹事等。

總之在這陣仗中，我被通知入選了。二〇二三年二月開始，每個月都會有每趟六小時的尋找抹香鯨航班。雖然能被協會肯定感到開心，也很緊張自己會不會出包。

嗯，沒有答案，情緒本身沒有答案，只能找個方式來疏導。

所以回到一開頭培訓講師的分享，他說，「一般陸地題材，很容易就會遇到題材瓶頸的問題，但海洋不會，島嶼四周不都是海嗎？」老師語帶戲謔地說，「台灣的動物不只黑熊，還有海上豐富的鯨豚。關於海洋環境、生態、文化、產業、精神等題材的創作。面對海洋，從好奇開始逐漸形成嚮往，付諸行動後得到感受以及感動，然後做出表達，如此便能將能量一代代傳遞下去。」

法國雕塑家羅丹（Auguste Rodin）說過，「並不缺少美，只是缺少看見。」的確，台灣從來不缺海洋題材，航行出去就能看見。

大尾

廖鴻基

人體說大不大、說強不強，人世裡生活又太多規矩、限制和委屈，而人心不足，我們常憧憬自己能強一點，能大尾一點，能豪邁地站在眾人之上，俯瞰天下。奈何人世頂端空間狹小競爭激烈攀爬不易，奈何命運天注定，只好將王者之尊的嚮往寄託於想像。

所以會有永遠無法證實的高山雪人、尼斯湖水怪或外星人；會有夠大尾的電影《大白鯊》（*Jaws*, 1975），會有藉基因科技還魂的大恐龍《侏儸紀公園》（*Jurassic Park*, 1993）；有夠大隻的《酷斯拉》（*Godzilla*, 1998），爬上紐約帝國大廈的《金剛》（*King Kong*, 2005）……為了彌補人心不足而鋪張的傳說或電影，在不同年代以相近模式與我們常相左右而且歷久彌新。

更早以前，大約一百七十多年前出版的海洋文學經典《白鯨記》（*Moby Dick*, 1851），敘寫一頭體色偏白的抹香鯨撞毀捕鯨船的傳說。該故事綿延至今一個半世紀以來，依然波濤洶湧。

真的有嗎？真實世界中真的存在離奇龐碩的怪物嗎？

天下無奇不有但真實世界中，依目前紀錄，陸地上最大隻的動物是高三．五公尺、重五噸的非洲象，海洋最大尾的是身長三十公尺、重一百九十九噸的藍鯨。

島國台灣，或可寄望於離岸不必太遠薄薄一層海面底下，特別是島嶼東部深達五千多公尺海盆地形的太平洋這一側，北赤道暖流像流動的大洋舞台捲軸，不停為這片舞台帶來高低深淺大大小小各種各樣的大洋巡游隊伍。視線無法穿透的水面底下，容許我們無盡想像，容許我們潛游於那涼冷深沉仿如無底深坑不見天日的深邃海底，那未知的神祕空間裡，是否潛藏著龐碩、離奇的海怪？

台灣東部海域鯨豚資源豐富，種類約三十種，占全球鯨種的三分之一。其中主要為屬於齒鯨亞目海豚科裡的中、小型鯨（身長十公尺以下）。過去，偶見路過的大翅鯨和游進海灣覓食的角島鯨，或是巧遇偶爾浮上水表換氣的喙鯨，不然就是少數隨黑潮游近沿海的鯨鯊和抹香鯨。這少數幾種夠大尾也夠神祕的魚或鯨，海面遼敻開闊仿若無窮盡的分母，遭遇機率大概如運氣始終不佳的人久久抽中一次好籤。廣闊的海面仿若牠們偌大的一疋隱形披風，相遇往往遮遮掩掩且倉促若曇花一現。這些限制，使得難能可貴的偶遇情緒老是懸在半空，無法期待後續。

二〇一八年後，花蓮賞鯨船船長間互相通報的默契越來越成熟，兩小時的經典賞鯨航程中，如果海況、鯨況穩定，可能短時間內就找到了沿海五浬內的海豚基本款：飛旋海豚、花紋海豚或熱帶斑海豚等活躍於沿海的海豚。

當海豚與賞鯨船一陣熱鬧互動後，當船上遊客新鮮新奇的歡呼聲量逐漸下滑，就是賞鯨船與海豚群揮手道別的時機。剩下來的時間，富海洋精神的船長們，試著往外海探索過去幾乎是一片空白的五到十二浬領海範圍。多年練就火眼金睛如千里眼般的船長、船員們，屢屢傳來捷報——夠大尾且大洋深潛標準海怪等級的抹香鯨發現率快速攀升。

屢屢發現且多次相處後，船長、船員們給了抹香鯨特別的稱呼：「噴風」。意指其深潛後浮出海面換氣時，從牠們鼻孔噴出如海面裊裊揚起的一團水霧，以及牠們用力呼吸歇喘的噗氣聲。

直到二〇二二年，抹香鯨在花蓮海域的年發現率達六．〇二%，排名在年度鯨豚發現種類的第五名。二〇二三年開始執行「π計畫」後，更上一層，盛夏八月才過，發現率已達七．五七%。

抹香鯨成體長十八公尺，重五萬公斤，體色烏褐、若斧頭般的方形大頭、長下頷、大顆牙、腹背皺摺、小稜背鰭、肥肚腩、大鼻孔裂在頭頂左前；老實說並不賞心悅目；因而並不屬於被在地討海人帶著讚許意味稱呼的「正海翁」（正牌鯨魚），甚至還被漁人略帶貶意地稱為「棺材頭」或「棺材板」。然而，牠們的身型大小以及形體特徵之怪，恰好就符合了「夠大尾」也「夠怪異」的海怪條件。

夠大尾的一對抹香鯨。　攝影／廖鴻基

夢想

王宣婷

二〇二〇年踏上花蓮的賞鯨之旅，感覺鯨豚離我好近，好像一直不敢聯絡的兒時好朋友一樣，一旦聯絡了，發現牠一直都在身邊。之後，認識了許多喜愛鯨豚的新朋友，也看到許多沒看過的鯨豚。

二〇二二年看了抹香鯨與虎鯨，二〇二三年春天看了大翅鯨母子。發現大鯨魚換氣比較懶惰，開開鼻孔就了事了，不像小海豚有好多不同的換氣姿勢。

五小時的航班每次回來皮膚都燒焦了，頭腦都昏昏欲裂，但看到比自己大隻的鯨豚在海裡滑行，覺得這裡是鯨豚的家園，很喜歡這種方式跟鯨豚相處。

把GoPro緣著船邊放到水下，我全身承受了非常大的水阻，常常手酸腳痠，但也捕捉到了不少奇特的畫面。「π計畫」首航時，拍到一隻愛亂跑的偽虎鯨小寶寶，也收錄到牠可愛的聲音。

偽虎鯨。——攝影／王宣婷

現在的我後悔太晚認識海洋，如果可以，真想看看最原始的台灣海域到底是長什麼樣子。

我有個夢想，想用GoPro拍清楚夏天來花蓮的抹香鯨的臉，想跟大家介紹，這就是我們的大鄰居抹香鯨。無奈每次看到抹香鯨時天候都不夠好，目前只拍到牠們糊糊的影子。

這個夢，不會輕易放棄，期待下個出海的日子。

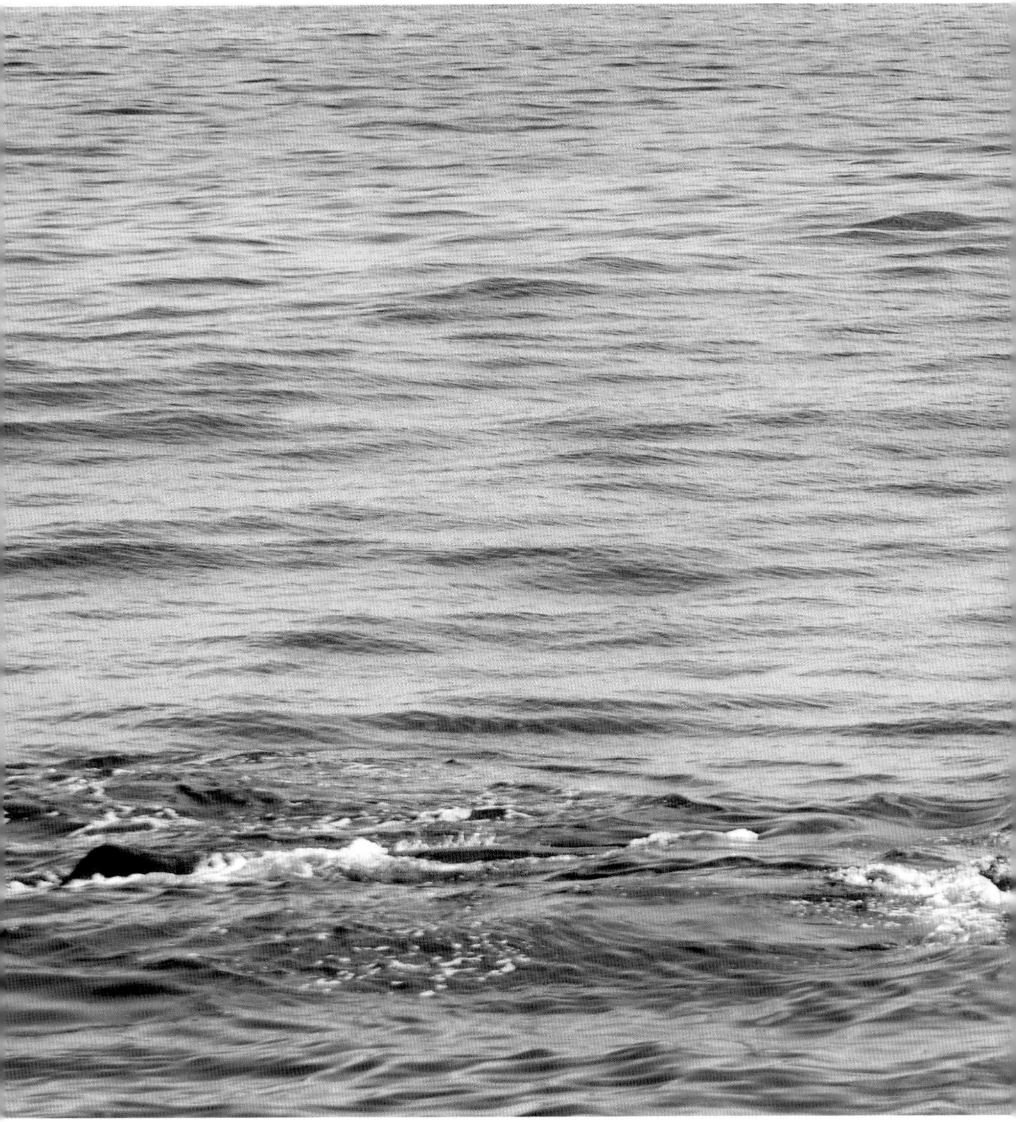

抹香鯨家族。　攝影／藍振峰

台灣π

廖鴻基

「台灣π」是本書書名，這個詞，好像也是前所未見的詞。

「拜訪太平洋抹香鯨π計畫」，簡稱「π計畫」，使用「π」字當然不是巧立名目，也不是畫蛇添足或搞怪吸睛。約兩年前，擬定這計畫時因為看見台灣東側海床地形圖形似π字，有感而發。寫完計畫草案那晚，隨機點開網路上一部紀錄片瀏覽，片名忘了，內容大概是報導澳洲有個生活在海崖上的原住民部落，他們認為，先人離世後將化身為鯨魚離開部落。因此他們每年會在部落海崖上舉辦「召喚鯨魚」儀式，召喚他們的祖先回來。儀式進行時，他們用白石灰在赤裸胸膛上，畫上鯨尾圖案，然後以傳統歌舞進行召喚儀式。每年儀式進行時，總有鯨魚受他們感召來到部落的崖下海域。

當我看到塗著白色鯨尾的古銅色胸膛，訝然發現他們胸膛上的「π」。原來「π」也可以是鯨尾圖案。大型鯨下潛時，通常在水面會有，拱背、拔尾、平舉、翻揚、沒入，一連串滑溜溜的海面連續動作。這是巨鯨深潛道別海面的最後一舉，但甲板上看見這一幕的所有人，都會扯著喉嚨受舉尾連續動作的指揮發出一連串頻率不同的驚呼。當鯨尾平舉，兩片大尾鰭與海面平行時，立在海面上的圖案，就是「鯨尾π」。

這麼巧，計畫成形那些天剛好是三月十四日「白色情人節」。電腦螢幕上除了年輕人過節熱鬧的巧克力訊息外，還意外看見了「Pi Day」。原來這天也是美國猶太裔物理學家阿爾伯特．愛因斯坦（Albert Einstein）的生日，也是德國思想家卡爾．馬克思（Karl Marx）和英國宇宙學家史蒂芬．霍金（Stephen Hawking）的忌日，因而美國眾議院於二〇〇九年正式通過，將每年的三月十四日定為「國家圓周率日」（National Pi Day）。

哇！始料未及，「π」字，除了是東台灣海底地形圖，也是鯨尾圖案，又是與幾位科學大師相關的「圓周率日」。

不只如此，眾所周知π是圓周率，是圓的周長和其直徑的比，近似值約為三．一四一五九二六五……為無窮無盡的不循環小數。「π計畫」中的「π」字，剛好也可以取其無止盡的不循環小數來象徵大海的無窮無盡。

多層次的「π意象」，恰好在差不多同一段時間裡接續出現，似乎意味著「π計畫」受到的祝福與鼓勵。

「π」是台灣東側海盆地形所圍成的圖案，東部海岸為π字的上緣，東南向伸出的呂宋群島為π南邊的一隻腳，東北向伸出的琉球群島為北邊的另一隻腳，三方抱住了平均深度達五千多公尺的「花東海盆」。流速流量驚人俗稱黑潮的北赤道暖流，流過π的內緣。黑潮約兩百公里寬，七百至一千公尺深，以每秒一至兩公尺的流速刷過並摩擦π的內緣，與陸地摩擦引發的湧升流，將深海的有機質翻至水表附近。黑潮營養鹽不高，曾被海洋學者稱為「貧瘠的海流」。但黑潮與台灣π岸緣摩擦，造就了海域生機。本身儘管貧瘠，儘管資質不佳，但這股海流以其流速和流量聯手台灣π，成就了這方海域的大洋生機。

π的兩個胳肢窩：北邊的轉折點，洶湧黑潮在宜蘭東澳鼻附近湧上東海陸棚，形成台灣鄰近海域的大漁場，造就了東台灣最大的沿近海漁港，宜蘭南方澳漁港。π的南邊轉折點，當地討海人稱「雪泥」（河洛音），湍湍海流在這裡遇到蘭嶼、綠島延伸到台灣本島的海底山脊，海流翻湧到水表附近的湧升流，形成良好的大洋漁場，造就了東台灣最具大洋代表性的台東成功漁港。

π也是西太平洋沿海的重要「航道」，這裡指的不是海運航道，而是海神派遣的「大洋巡游隊伍」的航道。這隊伍以大洋食物鏈為依序，除了隊伍首尾，大家都是獵者也是獵物，追獵與被追獵，看似簡單的相互關係，卻驅動了整個大洋浩浩蕩蕩的巡游隊伍，隨著海流循環不息通過台灣π海域。

選擇呂宋群島為冬季休息場的「菲律賓籍」大翅鯨，牠們每年三、四月遷徙北上經過台灣東部海域時，在台灣沿海出現的點：台東蘭嶼、綠島、三仙台，花蓮鹽寮、花蓮港外、七星潭和清水斷崖。點連成線，這群菲律賓籍大翅鯨正是緣著π為洄游航線。

π海域海床深邃，海溝錯綜複雜，如此特殊的深海環境與大洋生態，推測應該就是這幾群太平洋抹香鯨每年反覆出沒在這裡的主因。

不是為了標新立異，「台灣π」並非憑空想像，如果能依著「π」來規劃「π航線」，往南、往北各延伸到兩處「π胳肢窩」海域，應該會開創類似「π航巡游」，富開拓意義的深洋探索航程。

回想起二〇〇〇年「π計畫」的前置試行航班，第一次遇到抹香鯨時，我站在船邊跟抹香鯨們說，「把這裡當成你們的家，這裡永遠歡迎你們。」

「歡迎」兩字又讓我想到，台灣π不就是海洋台灣空虛了胸膛往太平洋伸出兩條歡迎大洋巡游生物來訪或落腳的手臂嗎？

「多羅滿號」與抹香鯨們。攝影／藍振峰

逢遇

趙昊雲

人類的時間和地球的時間，進程尺度並不相同。當我面向海洋，感到自我在個體輪廓中的困頓與侷限，另一方面，遠古水體將我拉往悠遠時空，使我得以無盡延展自己。

海洋的世界，北方是遠方，南方是遠方，東方是遠方，西方也是遠方，電羅經上指針也失去意義，只是對著刻畫著方位角數字但實際上空無一物之處，巍巍顫動。工作船「多羅滿號」是大海中浮盪的一方盒子，在湧浪中起伏，感覺既沒有前進，也沒有後退。

開始參與「π計畫」之後，我想和大家一樣，能發自內心由衷感受到鯨豚的可愛，以及大海的美好。有一次，海幫手伙伴問我，為什麼大家在船上拍鯨豚的時候，我好像都很淡定，沒怎麼看過我在拍。當下我不知道怎麼回答，只是心裡湧上一點點苦澀。

當計畫還在很初期的階段，年初，我們和一隻白子花紋海豚在立霧溪口外海相遇，據說這是花東海域第一筆目擊紀錄。那天是季風季節裡特別晴朗的一天，陽光流水中的純白更顯晶瑩。白子花紋下潛、浮出，保持穩定方向與速度前游，專注而恆定，好像活在只屬於牠的時空裡面。

告別白子花紋，船隻繼續航行，然後靠岸，而海中的潔白精靈在我們心中仍在悠游，我們所記錄下關於牠的科學資訊，和其他各種資料放在一起，成為人們試圖理解自然界的一塊小拼圖。牠的照片登上新聞版面，上了臉書、IG，有人轉發分享，這隻白子花紋的輪廓經過反覆複製，在陸上人類社會中傳播開來。於是，人鯨相遇不僅是海上剎那，當牠擺尾下潛，回到不屬於人類的時空，牠的形象卻真正成為精靈，游進人類社會的意識網絡之中，連結我們對海洋的認知與想像。

人與鯨的相遇，幾乎能追溯到信史源頭。古代東方，殷人曾以鯨骨作卜，抹香鯨的排遺也曾進貢到唐代宮廷，以「龍涎香」珍物之名，作香料或藥材使用。在西方古老文化傳統中，海洋是世界無秩序的陰暗面，被視為理性終焉之處，棲息著「利維坦」（Leviathan）這樣的深淵巨獸。[1] 白令海域沿岸的原住民獵殺鯨魚，他們信仰著一個不斷重生且不易生存的世界，弓頭鯨隨此信仰走出牠們的國度，為人類獻身。[2]

從台灣史的時序來看，在清代以及更早以前，鯨豚亦現身在神話傳說的帷幔之中。彼時，近代生物學的視線尚未逼近，島上人群以各自的知識傳統來理解世界，因此，人鯨相遇的經驗便與今日大異其趣。政大台史所碩士許玉欣，在她的學位論文〈傳說、利用與保育：近代臺灣海洋史中的鯨豚〉中，將鯨豚形貌及意義置於台灣史脈絡中考察，從她發想的分析架構來看，鯨豚的輪廓隨人眼凝視而嬗變，人鯨關係在台灣史數百年間，不斷運動變遷著。

不同場景之下，鯨以海翁、巨魚、鯤、鯨鯢、鰌等不同名稱，被載入早期文獻，並同超自然想像耦合。例如，鯨豚的擱淺與出現，往往被視作異象或大風將至之前兆。在另一些場合，鄭成功曾被描述為鯨轉世，或是騎乘鯨魚之人。圍繞台灣海域進行的戰事征伐之間，海上官兵、海盜、反賊等各方勢力，也常將彼此喻為鯨鯢。與漢人相反，原住民並未將鯨魚辨認為災異隱喻，鯨魚更多是身為協助者與人類接觸。在這些版本異同的口述故事裡，有些故事描述鯨魚曾幫助漂流異島的族人返鄉，於是族人準備酒、豬、檳榔酬謝鯨魚，日後成為阿美族海祭傳統的由來之一。卑南族一則傳說的其中一個版本，提到曾有族人誤食鯨肉，另外，卑南也有鯨魚帶族人回家的傳說。排灣族則流傳，東海的鯨魚曾向一對受村人排擠的孤兒姊妹伸出援手。[3]

十七世紀，台灣島已在世界鯨油貿易網絡中鑲嵌，許玉欣發現，《熱蘭遮城日誌》（De Dagregisters van het Kasteel Zeelandia）所記載船舶商品之一「Traen」，即古荷蘭語「鯨油」之意。荷蘭人的貿易文書中，這些鯨油與鹿皮、烏魚、木材等台灣物產同行，往返於台灣島、中國沿岸、南方等地，跨海形成貿易鍊。[4]

當時的鯨油貿易不僅與台灣有關，而是以全球範圍為舞台。人類在追尋光明的路上，曾將鯨豚點燃，而在照明之外，龐大的鯨身受科學與商業驅動，拆分為不同部位，帶來利潤。捕鯨行業盛行的十八世紀，鯨脂能入鍋燒煮製成蠟燭、燈油、齒輪潤滑油；鯨鬚製成傘柄、彈簧、馬鞭、鞋拔、鞋底、女性馬甲。[5]煤油和化學纖維被廣泛運用之前的時代，無數鯨體被肢解，填進初入工業文明的人類社會之中。

台灣日治時期，一九〇一年，日資漁商發現南方海域有鯨豚洄游，五年後，總督府派遣專家至恆春調查捕鯨可行性，該份調查報告書指出，成群大翅鯨聚集於貓鼻頭至鵝鑾鼻間的南灣海域。經過漁場劃定、鯨群洄游路線繪製、法規發布、企業捕鯨根據地搭建，一九一三年三月十三日，由台灣海陸產業會社獵捕的第一頭大翅鯨被拉上岸，開啟台灣史上鯨豚走出傳說與神話，成為經濟動物被捕獵、被利用的時代。從此至一九四三年，近八百頭鯨豚在南灣被捕獲，牠們的軀體加工後成為食用肉、油料、農業肥料，銷往殖民母國日本與台灣島內。

戰後，台灣政府及民間推動「中日漁業合作」，商業捕鯨船在一九五七至一九六七年間重回南台灣海域，以恆春至鵝鑾鼻間的香蕉灣為基地恢復捕鯨。一九七六年，銘泰水產公司開啟遠洋捕鯨熱潮，不同於曾經的南灣和香蕉灣沿近海捕鯨，大型工船在遠洋漁場幾年內便捕鯨達五百頭。直到一九八一年，國際壓力使台灣方面停止核發捕鯨執照，捕鯨產業遂告禁止。[6]

然而，鯨豚禁捕後，鯨豚保育之路仍漫長。因為台灣政府雖明令禁止商業捕鯨，卻無法有效限制國內地域性、季節性的鯨豚捕撈行為。國際上的鯨豚保育觀念，對當時台灣而言仍十分陌生。一九九〇年，澎湖沙港因獵捕海豚而登上國際新聞版面，輿論壓力下，該年政府公告將「鯨目」列入「保育類野生動物及其產製品名錄」中瀕臨絕種項目。民間方面，中華鯨豚協會與黑潮海洋文教基金會成立，亦將鯨豚保育觀念更加推廣。

一九八六年開始，劉克襄在創作中關懷鯨豚，廖鴻基在一九九〇年代寫下他的海洋經驗，並參與尋鯨小組的成立、賞鯨業的籌辦。鯨豚書寫出現，為台灣鯨豚史及海洋史翻開嶄新一頁，更塑造出人海關係的新面貌。政治方面，鯨作為島國象徵，最早出現於一九九六年第一次民選總統選舉，該年彭明敏以鯨作為競選宣傳主視覺。往後，李登輝及陳水扁執政下，政府將海洋視為國家重要資源與疆域，逐漸確立「海洋立國」方針。以鯨作為台灣島的政治隱喻變得有力，更多人將台灣視作海洋島嶼國家，如鯨一般，面向遼闊之海。[7]

在「π計畫」調查船班的甲板上，微風很舒服，海紋綿密而輕柔，對我們而言，出海是種獲得。在無際曠野之上輕

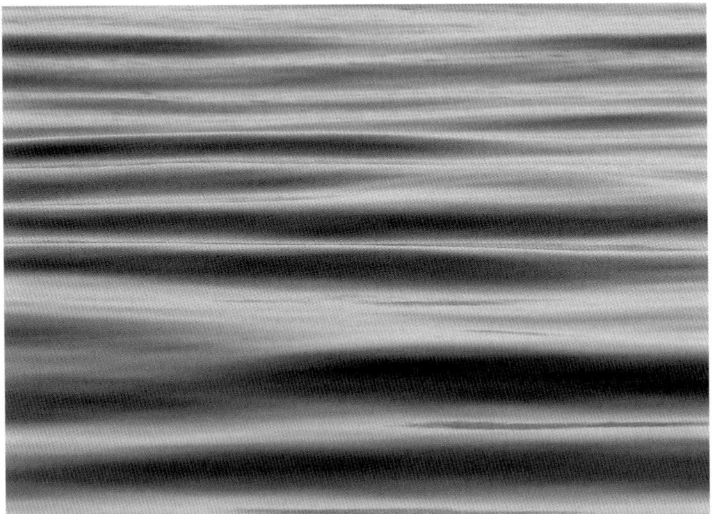

海紋。 攝影／廖鴻基

搖，得以暫時擺脫百無聊賴的生活，感受規律移動中的寧靜，緩慢地，去撫平心中那些四散收不到一起的線頭。對另一些人來說，海洋更多代表一種失去，一種將生命向海拋擲後的孤獨與遺憾。在他們的敘事裡，海洋表現為身心曾逢磨難的場域，而不表現為一種療癒。有如海和雲似乎不曾停止流動，但也未曾遠去，鯨豚的面貌在時間之流中千變萬化，如今又出現在眼前，我們要以什麼眼光來看待牠？

或許受到線性紀年方式影響，歷史學家喜歡將時間比喻為長河，但有時我覺得時間是海洋，有時候沒辦法知道自己所在的方位，身周缺乏地標、紀念碑。有時候漂流忽然換了方向，卻沒有原因，有時候以為你隨洋流前行，卻在某個時刻被沿岸流回捲。

十九世紀的法國旅行家，夏多布里昂（François-René de Chateaubriand）說：「每一個人身上都拖帶著一個世界，由他所見過、愛過的一切所組成的世界。即使他看起來是在另外一個不同的世界裡旅行、生活，他仍然不停地回到他身上所拖帶的那個世界去。」[8] 人都得拖帶著過去的經驗前行，而我還不具有那種通透，於是不懂如何把關於海的孤獨困窘，鍛練成逍遙，但希望有一天可以體會那樣的心境，然後學著欣賞每一次與海洋精靈的相遇。

1 阿蘭．柯爾本著，楊其儒、謝佩琪、蔡孟貞、周桂音譯，《大海的誘惑》（新北市：商務印書館，二〇二二），頁十六－十八。

2 芭絲榭芭．德穆思著，鼎玉鉉譯，《白令海峽的輓歌》（新北市：商務印書館，二〇二二），頁四一－四四。

3 關於台灣漢人及原住民鯨豚傳說的完整討論，詳見許玉欣，〈傳說、利用與保育：近代臺灣海洋史中的鯨豚〉（台北：國立政治大學台灣史研究所碩士學位論文，二〇二二），頁二八－五六。

4 許玉欣，〈傳說、利用與保育：近代臺灣海洋史中的鯨豚〉，頁二二－二七。

5 珍．布羅克斯著，田菡譯，《光明的追求：從獸脂、蠟燭、鯨油、煤氣到輸電網，點亮第一盞燈到人類輝煌文明的萬年演進史》（台北：臉譜出版，二〇二〇），頁二七－二九。

6 關於日治時期與戰後台灣捕鯨產業的完整討論，詳見許玉欣，〈傳說、利用與保育：近代臺灣海洋史中的鯨豚〉，頁五七－一四三。

7 許玉欣，〈傳說、利用與保育：近代臺灣海洋史中的鯨豚〉，頁一四四－一五八。

8 *René de Chateaubriand. Voyages en Italie et en Amérique.* 1851. 轉引自克勞德．李維史陀著、王志明譯，《憂鬱的熱帶》（台北：聯經出版公司，一九八九），頁四一。

π 形成

曾天白

台灣這座島嶼，大約位於東經一二〇度至一二二度，北緯二十一度至二十五度之間。根據台灣大學地質系關於這座島嶼的誕生的過程中提到：「約六百萬年前，菲律賓海板塊西緣的呂宋島弧北端與現今台灣島附近的歐亞大陸邊緣開始碰撞。這次碰撞，使位在台灣附近大陸棚上的沉積岩層及火山島弧相互推擠、隆起，從南到北逐漸露出海面形成今日的台灣島。」

此外，根據《台灣大百科全書》中提到：「台灣位於亞洲大陸和西太平洋的交界面上，北邊的東海和西邊的台灣海峽都是大陸地殼，而東邊的菲律賓海及南邊的南海則為海洋地殼。在台灣南邊的巴士海峽，南海海洋地殼向東隱沒到菲律賓海的海洋地殼之下，形成馬尼拉海溝及海溝東側的呂宋火山島弧。蘭嶼、綠島都是呂宋火山島弧中的火山島。而在台灣東部海域，菲律賓海的海洋地殼向北隱沒到亞洲大陸之下，形成琉球海溝及琉球島弧。」

綜合上述資料，台灣島緣起於西太平洋火山島弧與板塊擠壓所隆起的島嶼，向南延生約四百公里的呂宋島弧，以及向北延伸約一千公里的琉球島弧。台灣這座海島歷經強勁的造山運動，使得台灣島面積相較於其它火山島大出許多。

海岸山脈的起點。　攝影／蘇聖傑

怪咪啊

廖鴻基

「怪咪啊」是賞鯨工作人員對罕見大型海洋生物的別稱，特別是大型鯨。

台灣並不是沒有陽光亮麗被討海人讚許為「正海翁」的大型鯨，根據生態史料，台灣恆春半島鄰近海域曾被好幾群大翅鯨選擇為牠們的冬季休息場。每年大約中秋過後，這群大翅鯨長途跋涉從北半球高緯度的覓食場洄游到台灣尾海域過冬、休息、唱歌、交配、生寶寶，直到隔年春天再次北返。台灣過去約七十餘年的商業捕鯨行為，獵殺了近八百頭大型鯨，造成遺憾。這群選擇台灣尾海域為冬季休息場的大翅鯨群從此銷聲匿跡。

此後，空白了約四十多年，台灣海域僅剩下偶爾隨海流路過島嶼沿海可遇不可求的「怪咪啊」。

老天善待，幸好海神並未因為台灣社會長期漠視海洋而放棄這座海島。海神依舊派出祂形形色色各種各樣大大小小依大洋食物鏈排序的的大洋巡游隊伍，一次次接近台灣海域。

二〇一八年是個轉捩點，感謝積極進取充滿海洋精神的賞鯨船船長們，他們在花蓮海域可說是重新發現了大型鯨、重新記錄到幾乎可以確認年年來到花蓮海域的「怪咪啊」——太平洋抹香鯨群。

多年來經尾鰭缺刻辨識，加上Photo ID比對，證實至少有十頭抹香鯨反覆來到台灣太平洋海域。二〇一八年以來花蓮海域的抹香鯨的發現紀錄，讓空白了近半個世紀的台灣海域，終於不再空虛，不再陷落在捕鯨年代趕盡殺絕後深不可拔的遺憾泥淖裡。

一百七十多年前出版的海洋文學經典《白鯨記》中，曾提到台灣水池子裡的這幾群太平洋抹香鯨。「亞哈船長率領的捕鯨船『皮廓號』，穿過呂宋海峽望北看見Formosa，並於往北航行到日本海途中與太平洋抹香鯨有過數回合搏鬥。」書中寫的捕鯨船與抹香鯨搏鬥的場域，就是台灣π海域。抹香鯨壽命約八十歲，這本書中提到的抹香鯨很有可能就是目前出現在花蓮海域這幾群太平洋抹香鯨的祖先們。

這幾群太平洋抹香鯨，竟與出版於一百七十多年前人類偉大的海洋文學經典有所關連。

台灣東部深達五千多公尺的花東海盆，那深深海底可是一片伸手不見五指的無明世界，那裡的海水多麼冰冷。我們好奇，幾乎是無以為據的空曠深海大洋中，這幾群太平洋抹香鯨何以年年來到台灣π海域？牠們停留多久？牠們族群量大約多少？深邃的π海域是牠們的獵場或其它生活領域？牠們從哪裡來？離開π海域後牠們又去了哪裡？牠們應該比台灣社會更了解、更熟悉「台灣π」的存在。

工作船甲板上，心中常充滿疑問，很想問牠們這些問題，但現實上，除非擁有一只所羅門王指環，不然就是一趟趟出海搜尋牠們，耐心地觀察和收集資料，諸多對牠們好奇的答案，可能就蘊藏在這些經由「π計畫」累積下來的資料中。

「π計畫」想藉由牠們大洋巡游以及特殊的深潛能力，讓我們的好奇攀搭上牠們的生活、牠們的行為和牠們的感官，帶我們進入這池「怪咪啊」的神奇世界中。我們想了解每年來到台灣的這幾群抹香鯨資料是否能比對或連接上國際上的抹香鯨研究資料，我們更想藉由「π計畫」深入介紹這群抹香鯨給台灣社會認識。

提到美國夏威夷會直接想到大翅鯨，提到加州會想到灰鯨……。「π計畫」三年後，我們期望，未來台灣社會上的公共建築或公共交通器材上的圖騰，除了台灣黑熊外，還能普遍出現海洋生物，我們也期待，未來若是提到抹香鯨，大家會想到台灣。

接近船頭的抹香鯨。　攝影／廖鴻基

海水是溫暖的

黃琦智

二〇二三年一月八日，海幫手的第一堂海上課，上午八點準時出海，東北季風颳著，十幾度的低溫，海況不佳，大風大浪，船隻搖晃得很，走也走不穩，不時有騰空感，但是一樓的船頭及二樓的甲板上全部都是乘客，真佩服他們對大海的熱愛。我乖乖待在一樓後艙，防風防寒兼平穩自己。

當廣播響起，「三百公尺外發現海豚。」我才會搖搖晃晃地走到船頭，和熱

帶斑海豚打招呼。解說員說，黑潮的海水溫度大約是攝氏二十三到二十四度，我心裡想，應該要放個溫度計到海裡量一量吧。沒想到有人反應很快，我聽到旁邊一個女生用英語叫她的外國友人，摸摸海水，是溫的。真的嗎？我也好奇伸手摸一摸船頭高高濺起的白浪，真的很暖和耶。

很開心用手感來驗證冬日太平洋黑潮的水溫，真神奇，海水比空氣溫度高，黑潮的海水真的是溫暖的。

滿載對大海熱情的乘客。　攝影／蘇聖傑

蘇花斷層中的清水斷崖。　攝影／廖鴻基

海岸花蓮

廖鴻基

花蓮若以環境空間來區分，大約可分為「縱谷花蓮」和「海岸花蓮」。縱谷花蓮兩面山，海岸花蓮一邊山一邊海。

板塊推擠，山脈高高隆起，「海岸花蓮」以「斷層海岸」為主要地貌。

花蓮市以南為「花東斷層」，這段海岸北起花蓮溪口，南到靜埔村北回歸線地標附近，長約七十公里。花蓮市以北為「蘇花斷層」，花蓮市往北到和平溪口，約五十公里長。高山、溪河、大洋三方聯手，沖積與沖蝕並行，鋪展出π上緣的「海岸花蓮」。

屬菲律賓海板塊呂宋火山島列的花東海岸山脈，一連串火山爆發露出太平洋海面後，板塊往西北推擠，高高扛起台灣其它四座山脈，併列成同樣南北走向的五大山脈。海岸山脈不高，望海第一層山陵線高度約六、七百公尺，最高山頭不過一千五百公尺左右。海岸地貌為岬灣、岩礁和卵礫海岸，岩性以火成岩居多，包括火山集塊岩和細粒火山灰構成的凝灰岩。

花蓮溪聚集了花東縱谷北段，聚集了源自中央山脈和海岸山脈大小河川的水量，在花東海岸山脈北端出海。秀姑巒溪源自中央山脈，切穿海岸山脈後，在花蓮縣南端的靜浦村出海。一北一南兩條大流量的主要河川，浩浩蕩蕩帶著屬於中央山脈的多種水成岩和花東海岸山脈的多種火成岩出海。

鹹淡交匯，浩瀚太平洋收集了這兩大山脈質性不同的禮物，再以沿岸流、以湧岸濤浪，扣敲琢磨兩條溪流帶下來的多種岩礫，鋪展在這段海岸河口附近的海岸上，形成這段海岸岩性複雜的「花東斷層海岸」。

花蓮市以北為「蘇花斷層海岸」，山脈挺拔高聳，中央山脈望海第一層山陵線平均高度達一五千公尺左右。海岸地景為嚴峻如銅牆鐵壁約五十公里長的斷崖以及河口卵礫灘堆積形成的沖積平原。

得天獨厚，花蓮一百二十公里海岸，「一邊山、一邊海」，兩座質性不同山脈南北走向並列，拔高放深面對深邃大洋，獨占π字上緣約六十五%橫寬。北斷層峻秀高危，南斷層沉著細緻，堪稱最能代表「山海台灣」氣魄與多元的一段海岸。

海、陸板塊推擠，花蓮海岸地勢大多數為「整排山都站在海邊」的斷層海岸。隆起面山脈坡度陡峭地質破碎，加上颱風多、地震多，山壁經常崩塌造成交通中斷。相較於其它縣市，交通不便造成花蓮工商發展較為遲滯，世稱「後山花蓮」，意思是「偏遠落後地區」。

記得小時候，阿嬤帶我到台北拜訪親友，跟我說，「來去『山前』迌迌。」那時沒有北迴鐵路，清晨搭乘公路局「金馬號」，車子彎彎繞繞走在還是單行道的蘇花公路上，很多路段車廂左倚山壁右臨斷崖，車子沿著窄仄公路驚險盤繞。中午出蘇花公路鬆一口氣，接著九彎十八拐的北宜公路，傍晚才到得了台北。

小時候常到花蓮漁港看漁獲拍賣，看過一條差不多原木粗壯約六公尺長挺著棍棒嘴尖的大旗魚；也看過一整排被獵殺的海豚躺在拍賣場上。高中畢業後，搭乘基隆港開航的「花蓮輪」回花蓮，午後夕照，在清水斷崖海域看見一群海豚在船首下乘浪跳躍。

這段π字上緣的花蓮海岸，高山若牆穩固，黑潮崖下湍湍流淌，山海亙古對望。山海小城下生活的花蓮人，不管時抬頭看山，幾步路又海邊看海。花蓮縣人口長年維持在三十萬出頭，長期呈負成長趨勢，算是地廣人稀的山海小城。

山海間的小城，若以天險阻隔看待環境，陸狹海闊山高，發展受限。然而，山勢峻秀，險則奇，又臨深海，花蓮海岸背倚大山展望漾漾大洋，算是因禍得福，人口密度維持恰當且長時低度開發，留下較為原初的山海景觀，留下對比工商大城較為閒適的生活步調。

花蓮處處風景區，太魯閣國家公園、玉山國家公園、縱谷風景特定區、東部海岸風景特定區，加上海域鯨豚資源，後山花蓮成為台灣觀光重鎮。

高山陡峭，溪流高位下切，挾帶大量山石沖出山谷，沒幾步路已走到河口。沿岸平原狹窄，為溪流下切自崇山峻嶺中一顆石頭一粒砂堆疊在河口經年累月堆積出來面積不大以卵礫和砂礫為底質的河口沖積平原。

花蓮海岸，有秀姑巒溪、豐濱溪、花蓮溪、立霧溪、和平溪等重要河川出海。河口海域鹹淡水交會，帶下海的泥塵和有機質有利於浮游藻類繁衍，海洋生態一旦有了浮游植物為基礎，就會吸引以藻類為食的甲殼類或初生魚苗等浮游動物來到河口，也就會吸引以甲殼類和初生魚苗為食的小型魚類近岸覓食。河口也是溯溪型和降溪型魚類的渡口。離岸不遠的海盆深海則是提供從表層、中層的浮游、巡游，到深層的底棲、裡棲多種生態。

有了如此多層次且多樣的生態基礎和誘因，吸引位居海洋食物鏈高層的多種鯨豚，隨大洋海流進來我們沿海覓食。拔高放深、險峻危美的特殊海岸環境，離岸不遠的沿近海，擁抱的可是西太平洋的大洋生態。

花東斷層岩礁海岸。　攝影／廖鴻基

整排山都站在海邊的蘇花斷層。　攝影 / 廖鴻基

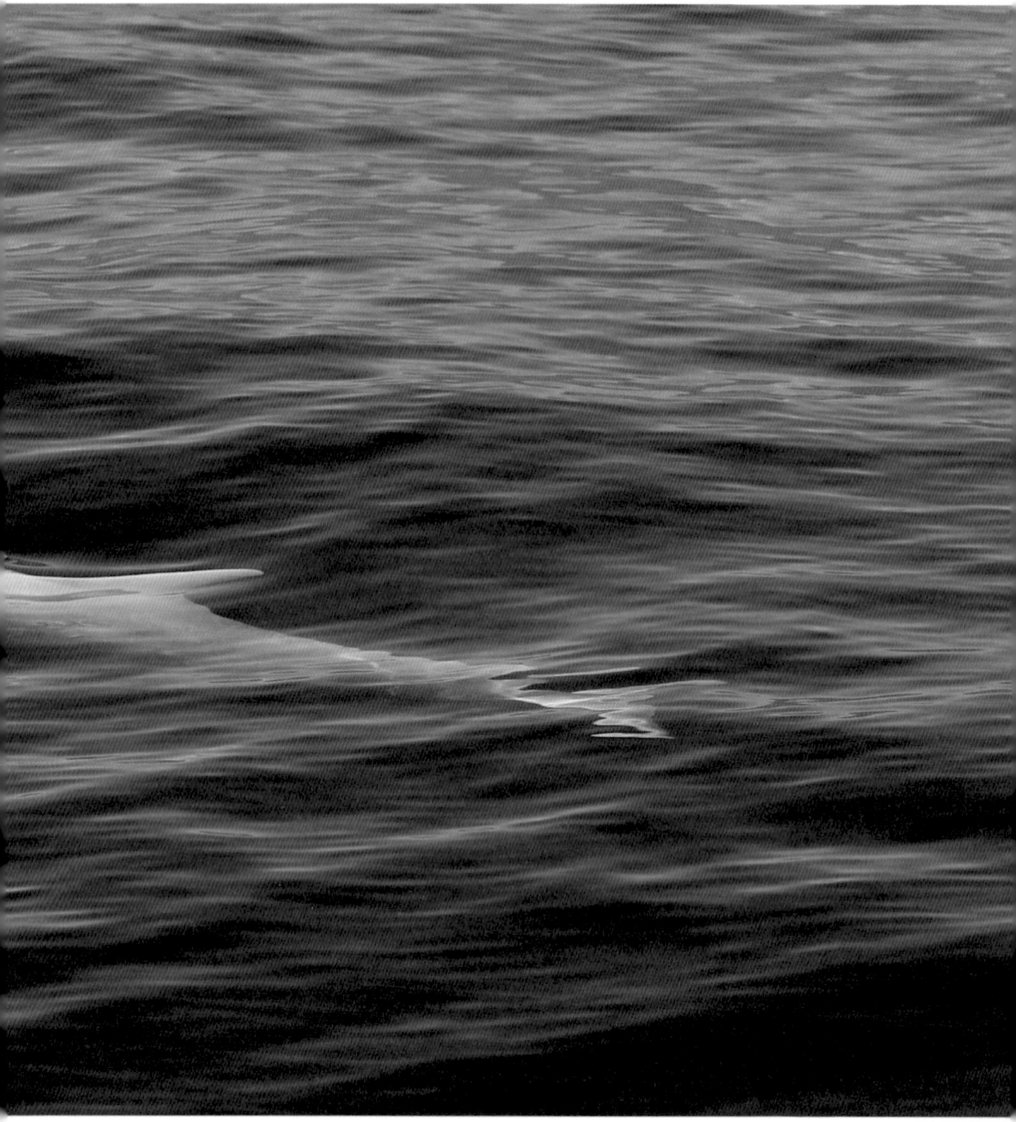

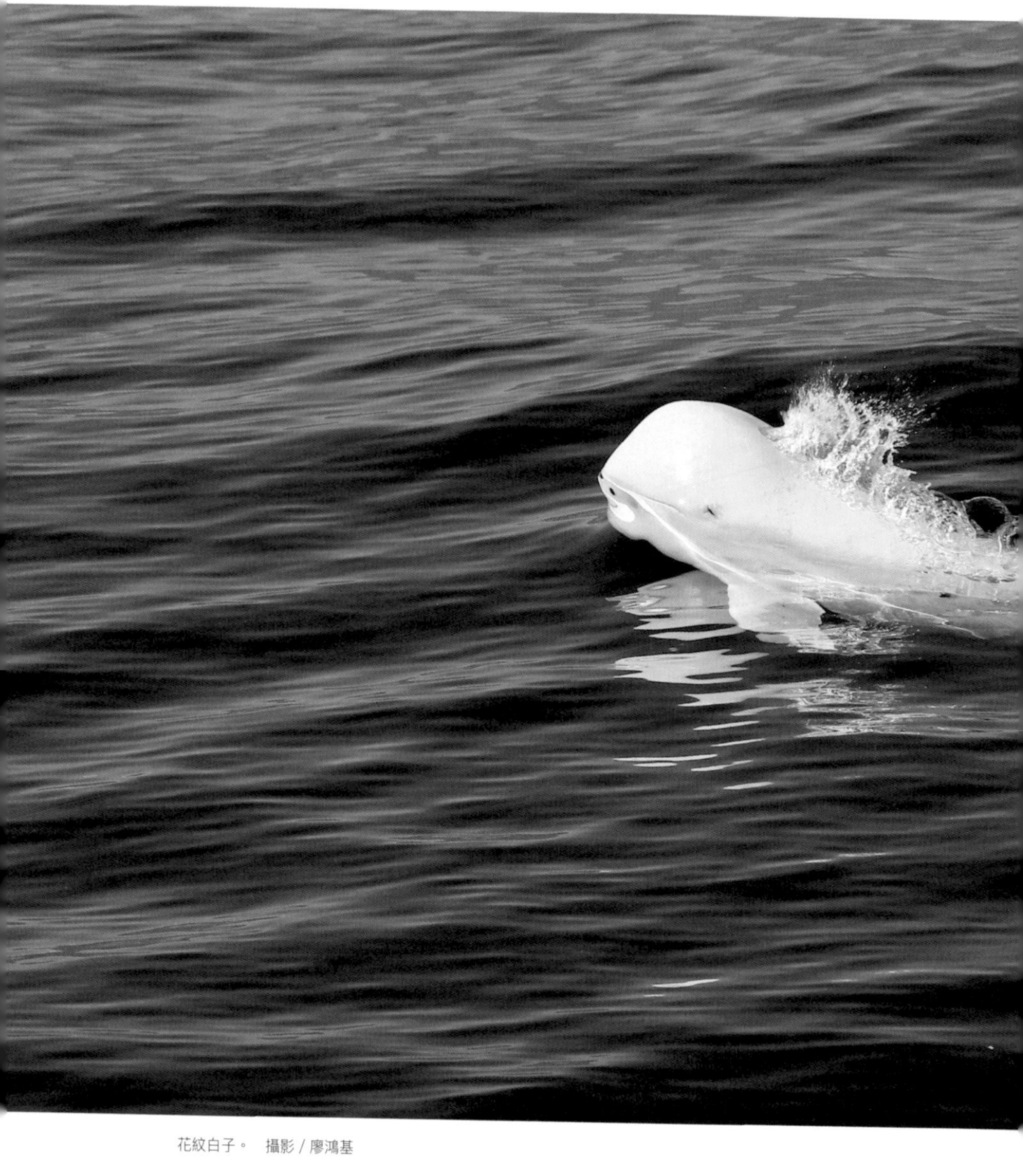

花紋白子。　攝影 / 廖鴻基

花紋白子

鄭欣宜

過年吃飯的時候，我弟突然指著電視上的新聞說，「欸！姊……花蓮出現白海豚耶！」

「不是白海豚，那是一隻白化的花紋海豚啦！」我瞥了一眼電視對他說。

「妳怎麼知道？」他接著問。

「因為我本人在船上啊！」

得知「π 計畫」時超級期待，決定再給自己一次機會，報名了海幫手培訓。

那是二〇二三年一月十四日海幫手培訓課程的第二趟航班。這天，晴時多雲，偏南轉偏北風，中浪至大浪，浪高約二至三公尺，風力四級，陣風六級，天空很藍，雲很美，沿岸山脈視野清晰。出海不久，九點時，在北花蓮海岸太魯閣口附近海域遇見花紋海豚。

太魯閣口附近海域遇見花紋白子。　攝影／陳靜宜

花紋群體中有一隻體色特別白，原以為是一隻年邁的花紋阿公。船隻接近才發現，牠的白不同於其牠花紋海豚灰白刮痕累積在身上的印記，牠的白，不單純只是白，而是帶點粉，這體色在透藍的海面上顯得特別顯眼。全船每一顆眼睛都注視著牠，跟著牠一起浮出換氣、淺潛、再換氣、再潛。

據說這是花蓮海域第一次目擊白化的花紋海豚，謝謝在兔年開端就獲得了粉色好運。

出海這件事

黃宇茗

十六世紀時，西方水手稱台灣為「福爾摩沙」，美麗之島的意思。身為海島子民，這段話，從小就在教科書上讀過無數次，然而，究竟有多少人有機會在海上好好眺望台灣呢？

作為海島國家，台灣的地理環境主要是由山、海、平原構成，然而那廣闊無垠的海，往往被堤防、垃圾、濱海工業區占據，別說出海，連走到海邊散步，似乎都不在大多數人的生活經驗中。那「出海」這件事又有多重要呢？

並不期許自己能像討海人一樣英勇帥氣，但期許自己可以踏出陸地，踏上搖搖晃晃的甲板，從不同角度回看那生活三十年的所在。

記得一月十四日海幫手培訓出海課程，陽光溫熱，海風大又涼爽，雖然不至於寒風刺骨，但空氣中的鹽分仍被用力地拍打到裸露的皮膚上頭，整段兩個小時航程中最令人印象深刻的莫過於零散的花紋海豚群體之中有隻白子隱身其中。當解說員和船員還在驚奇及討論時，船長也隨之放慢船速，瞪大雙眼尋找那從未看過的身影。

自己因為出船經驗不多，只知道要一窩蜂地找找海豚在哪裡，趴在船身欄杆上不停左顧右盼，什麼頭緒都沒有。就在恍惚片刻，驚見那粉白的彩虹身影劃過湧浪。當牠一次次在太平洋浪頭上現身時，我看見，牠的背景不只是海，還有最熟悉的中央山脈、立霧溪口、清水斷崖……我們的山海景觀以沉穩、安靜的姿態坐落在視覺底端。

這一刻，我更確信透過「出海」，讓我感受到了日常掛在嘴邊的愛護環境、關懷土地，絕對不只是從前所想的那樣而已。

回到屬於自己的平靜

一弦

猶記得海洋的浪濤聲初次撥動心弦，是十七歲那年，聽一個愛海的人，講魚、講海，講他的愛。那些故事在腦海裡形成一處很遙遠的彼方，我聽見溫柔的聲音，像一波波輕輕拍打岸邊的浪。現在想來，也許萬物都有其時，屬於自己的遇見，會在最適合的時機，來到身畔。

相隔二十年後，終於勇敢跨出踏上甲板的那一步。當纜繩收起，船隻引擎喀噠啟動，我的心裡，似乎也有什麼東西，輕輕解開。

在岸上想著，上了船是否就容易變得多愁善感。在海上，只覺得所有的憂愁都變得很遙遠，很模糊，不再直接影響。時常坐在船頭的我，眼前只見天、海、浪、魚，彷彿天地間再沒有什麼其它事物，讓此刻如同靜止般美好。情緒變得十分細微，語言詞彙也變得模糊而不精準，難以用文字形容天邊的雲、船邊的浪、船前躍起的飛魚……偶有的驚慌是：啊！被浪打濕了！然後跟同伴互相取笑。這是陸地上少有的單純。

首次出航印象最深刻的是，回望台灣的連綿山峰，峰巒間的山谷稜線交錯，呈現出倒三角的形狀，那瞬間，我的心牢牢定錨在那個位置，從此在海上安了家。無論遭遇多少困厄，只要閉上眼，就能回到那個地方。

自此之後，回到陸地，時常想起海洋。很喜歡那裡，感覺不是去海上，而是回到屬於自己的地方。一趟趟出航，見識不同的海況，遇見許多鯨豚朋友。乘浪玩耍的飛旋海豚，悠閒慵懶像是隨水波逐流的花紋海豚，熱情前來迎接我的熱帶斑海豚，偶然一瞥蹤跡的偽虎鯨，還有許多次航班後出現的抹香鯨，我們終於相見。

後來知道，抹香鯨舉尾代表即將深潛道別，每一次的舉尾都是美麗與哀愁的互文。無論美好或憂傷，每次相遇都讓我感到牠們的真實存在。在這裡，與風雲山海相遇，與回憶和盼望相遇，各式各樣相遇別離。不知為何，這些似乎不像往常那樣令人感傷。

或許因為我們在同一片海上，經歷同樣的晴或雨，無論悲喜，都是旅途風景。

距離上次出海，匆匆兩個星期過去了，我想念海，想念船隻被波濤搖晃，想念偶然一遇的那隻身上帶有癒合傷口的飛旋海豚。

白帥帥

廖鴻基

不少朋友問我，最喜歡的鯨豚是哪一種？豪不猶豫直接回答：花紋海豚。

「怎麼會喜歡這種？」雖沒說出來，但這句疑問明顯寫在朋友臉上。

因為皮膚上形形色色各種刮痕，花紋海豚外觀並不賞心悅目，而牠們的行為通常老態龍鍾，還真像是一群阿公阿嬤一起海上散步。我喜歡牠們的原因是，牠們個體不大（三．五公尺、三百八十公斤），算小型齒鯨，但牠們行為多樣，無論舉尾下潛、躍身擊浪或浮窺等行為，幾分大型鯨舉止。我欣賞不以外觀、不以型體大小取勝，但內涵沉穩行為多樣的生命。「可深可淺，可慢可快，可傻可慧」，過去曾這樣形容過牠們，也曾以〈花紋樣的生命〉、〈海神的信差〉等以牠們為主題寫成的文章。

像是約好的，二、三十年來的每次見面，牠們都會在我面前來個新花樣、新把戲。二〇二三年一月十四日海幫手航行體驗，船隻在立霧溪口海域遇到一群花紋海豚，果然這趟相見，牠們又給了我數十年來最大的花紋「鯨喜」。

船隻急轉十度，添了些油門，引擎高亢奮起，船速增加。船長或船員的望眼鏡中若是發現鯨豚線索，通常會添油門、急轉彎，怕目標忽然消失似的，工作船朝向線索方位虎虎邁進。如果發現的目標特別罕見或特別大尾，發現者還會加上幾聲驚呼。這次確定是發現鯨豚，但甲板上沒有驚呼聲，判斷這次發現的應該只是這海域的基本款。

十分鐘後，與線索目標相距約五百公尺，海面出現鐮刀樣的尖突背鰭、花白體色、隱約可見的圓頭，綜合這些線索，幾乎可確認是一群俗稱「和尚鯃」的花紋海豚。

花紋海豚在花蓮海域的發現率多年來居高不下穩坐第二名寶座。一百公尺距離，船長熟練，船隻怠速設法讓工作船融入花紋海豚群體中。這群花紋海豚體色偏白，依經驗判斷，應該是有年紀的群組。相處約莫三分鐘，不料船上紛紛發出「好白啊」，跟往常相遇不一樣的驚呼聲。

陽光亮麗，水波瀲灩，大家都看見了，這群花紋中有一隻體色特別白、特別耀眼。一開始，還以為是超級老阿公（花紋海豚可以從體色偏白程度判斷年輕或年老）。

如此顯眼的白，成為工作船鎖定的「獵物」。

船長添了點船速，接近些，這才發現，這隻白到像白海豚的花紋海豚，並不是原本以為的超級老公公。牠是一隻個體中等，行為活潑的年輕小夥子。

水波清澈，融於水中的牠，如此粉嫩醒目。

藍澄澄水色襯托，那一身純白多麼溫柔。

船員直率，我很快聽見他們對這隻體色特別白的花紋海豚喊了一聲：「哇，白帥帥！」

白帥帥是我多年海上生活中首見，是三十年來見過最純、最美的花紋海豚。判斷是台灣海域的首次紀錄。

白帥帥。　攝影 / 廖鴻基

期待

Vita Lee

第一次搭六小時船班，出發前內心既期盼又忐忑。期盼能看到鯨豚又擔心會不會暈船。

往花蓮的路上一直跟朋友討論著我心中的疑問，鯨豚是經過還是住在花蓮？如果是經過的話，那有那麼多鯨豚一直路過嗎？

行前說明時我的疑問被解開了，原來我即將參加的計畫航班就是為了證實抹香鯨是住在這或只是路過，瞬間明白了這計畫的意義，忽然覺得感動，竟然可以親自參與這藉由大型鯨讓世界看見台灣的計畫航班。

出海一小時內就看到兩群海豚，第一群在遠遠的海上忙碌，解說員說牠們正在忙，所以沒有靠近，而我能很清楚看見牠們在遠處跳出海面旋轉，我的心也跟著跳躍雀躍。沒多久又來了一批海豚，解說員說海豚是公平的，只要站一邊就好。果然這群海豚從船的左邊、右邊、前面、後面不斷地接近，不斷地冒出來。船上一陣陣驚呼，能夠到海豚的家來拜訪牠們，覺得滿心歡喜與滿足。

原本以為六小時航程很久，但到了第五小時後，我開始捨不得離開這片海。

一度發現兩朵水花線索，但是追過去後訊息消失。即使沒遇到阿抹，還是滿心喜悅地帶著瞬間凍結的記憶回到岸上。

回台北後，持續關注著多羅滿粉絲頁，也很高興其它航班陸續都有阿抹的蹤跡，期待下次機會。

首航

廖鴻基

「π計畫」首航前一晚，入夜後，雨勢淅瀝瀝落個不停。好幾次探看窗口，寒氣未散，橙色街燈下溼濘濘路面感覺特別荒涼。

首航日是一個月前就定下的日子，考量重點自然不在天氣，也不是因為選了開張的良辰吉日，而是「我們準備好了」。

午夜臨睡前，忽然響起幾聲夜鷹鳴啼，心想，應該是好預兆吧，鳥啼聲表示這場讓人焦慮的風雨可能要停了。

隔日早起，意外看著天空清朗明亮，陰霾似乎為這個日子散盡了，心中不由得響起「老天幫忙」四個字。

籌備一整年經過試航及計畫工作人員培訓而且幾番起落的「π計畫」，終於在二〇二三年二月十九日七點於花蓮港賞鯨碼頭首航。由台灣第三艘賞鯨船「多羅滿號」

擔任工作船執行啟航任務。

沒刻意挑，後來才發現首航這天恰好是「世界鯨魚日」，緣自一九八〇年後，以「反思人類捕鯨行為，並轉而為友善鯨魚」所推行的國際紀念日。大型鯨的儲碳能力以及為海洋貢獻其基礎生態的能力已被科學家證實，復育海洋生態及對抗氣候危機中，大型鯨扮演了重要角色。

氣象預報，午後鋒面將南下通過花蓮海域，海面恐怕瞬間變臉。二月天，氣候型態仍陷在天氣多變化的東北季風期裡，首航這天，時間點恰好夾在兩個鋒面的短暫夾縫中，只有半天機會，我們得與天氣搶時間，特地提早一小時出航。

這是一趟被風浪允許但受時間限制的航程，老天給計畫首航一道窄門，是考驗也是祝福。海洋一向不按牌理出牌，給出的答案往往與預期的顛倒，我們必須樂觀但必要保守。

七點十分，工作船「多羅滿號」邁出港嘴，濕氣夠，與花蓮港嘴面對面的海岸山脈北端，出現難得一見的逆溫層雲瀑景觀。按了幾下快門後，不曉得為什麼，得失心忽然轉趨篤定，像是悄悄得了什麼訊息，確信這半日航程將受恩於天地大海的祝福。

出港不久，像是對海傾吐，也像是對海承諾，我心中默唸三年計畫的四個預期成果：

一、證實並建立台灣太平洋抹香鯨群資料，擴充台灣海洋教育、海洋文化資源。

二、鼓勵台灣社會「向海致敬、向海探索」的精神，從認識而尊重而珍惜，走向永續對待我們海洋環境和資源的態度。

三、自二〇一六年發現台灣鯨豚，二〇一七年推行賞鯨活動至今，台灣社會對待鯨豚從獵殺、吃食到觀察、觀賞，已大幅調整對待鯨豚的態度；

二〇二三年推出的拜訪抹香鯨計畫，也將開創性改變台灣未來對太平洋、對大型鯨的態度。

四、以此計畫大力調整過去台灣社會與海的不合理隔閡，轉過頭來看見抹香鯨、看見台灣開闊的太平洋前院，進而擁有海闊天空的視野和機會。

引擎鏗鏘敲擊，船行俐落，我看見計畫目標的文字蝶翼般紛灑成船邊飛揚的碎浪，鼓舞我們的雄心壯志，種子一樣埋進工作船犁開的藍澄澄水波裡。

浮現在海岸山脈上的雲瀑。　攝影／廖鴻基

海洋夢

廖鴻基

透過工作船上的廣播，感謝工作船上的工作夥伴海幫手和參與首航航班的朋友們：「謝謝你們以行動支持計畫，讓我們一起來到夢想實現的海上。」

計畫工作船「多羅滿號」二十噸，乘客人數限制三十位，除了計畫工作人員十位外，每個計畫航班我們開放約二十個名額，給有興趣進一步了解計畫或期望實現海洋夢想的朋友們報名參加。

計畫航班將依季節和探索領域規劃五到十二小時不等的航程。相較於一般兩小時賞鯨航程，計畫航班在規劃階段時，曾考量報名人數恐怕會因為航程漫長，會因為怕暈船或怕海上無聊而卻步。沒料到，計畫航班推出後，竟然一票難求，幾乎班班滿座。因緣於計畫，我們是遇到一群喜愛海且勇於探索奇蹟的朋友。

感謝報名參與計畫航班者有兩層意思，之一是感謝參與者以船票費用實際支持計畫，第二層是感謝遊客們願意挑戰必須身心承受航行考驗的長時段航程。

計畫航班吸引人的地方，也許是因為工作船將航行到過去很少或是過去從來不曾到達的位置；離岸更遠，或是更北或更南，是一般兩小時賞鯨航班到不了的位置。

以旅遊觀點來說，就是來到一個難得可以到達的遠方，而這地方出現的任何風景、任何事，都有可能是這輩子不曾有過的一場驚喜。

地球上再也沒有比一艘船航行於大洋那般的孤獨。工作船帶我們來到可以傾聽個人孤獨心跳的尖點，好比站在孤高的絕壁崖頂，好比攀上即將起飛的翅膀，儘管過程中不一定能遇見什麼，也有可能只是一趟毫無驚喜可言的漫長航行，但我們將一起來到視野中任何突起的水花都能讓我們手心出汗、讓我們壓不住將要脫口而出的驚呼、讓我們腎上腺素不由自主飆升的「聽牌」位置。

個人曾經在這片海域捕魚五年，加上二十七年鯨豚及其它經驗，計畫航班對我來說應該不會有太多好奇。但二月開始執行計畫後，竟然會期待船班如期開航，而且航程中常認真到忘了需要坐下來休息，搜尋海面的眼時常專注到像個不曾看過海、不曾搭過船的海洋新鮮人。

這確實有點癡狂，但回頭想想也是，綜合自己三十多年來在這片海域畫下的航跡，不過是在近岸海域塗鴉而已。這計畫讓我突圍過去三十多年的航行範圍和經驗。

計畫航班時間久、航程廣，看海看到保證腦子裡藍澄澄一片，搖晃顛簸遠超過山徑行車，陽光曝曬量絕對超標……我們付出不便和不適，我們身體受苦，但我們的心一起來到海洋夢想可能爆發的位置。

夕照波光。　攝影 / 廖鴻基

抱病出海

鄭若芸

聽著解說，轉過頭看向岸緣山脈，夕陽在山後頭的光輝仍然光亮耀眼，波光反射，這畫面美得讓人屏息，美得讓人不禁懷疑還有什麼比得過眼前這幅景象。這景色是拍不起來的，而且也沒力氣拍。五小時航行後，身體隨著海浪，左右搖晃，因為暈船，因為疲倦，很多人跟我一樣，陷入昏睡狀態。

木椅抵著的頭還時不時滑落，驚醒，再繼續睡。耳邊仍持續聽到溫柔親切的解說廣播。關於鯨豚、關於海、關於討海人。這次看到了弗氏海豚和喙鯨，很可惜沒有看到抹香鯨，但心裡明白撲空是觀察野生動物的日常。

拍了一張朋友的昏睡照，好喜歡。這是我隨手拍的，是在某次驚醒時看到的畫面，覺得光線很美，於是就用我當時僅存的一點力氣，拿起手機喀嚓拍了下來。然後繼續陷入昏睡中。

抱病賞鯨的狀況就是有四分之三的時間都在昏睡，但發現鯨豚的時候，就會走去前甲板觀察和拍照。

感謝這位朋友，去年朋友就問過我要不要去賞鯨，但那時候有事無法跟，感謝朋友今年願意再一次問我要不要一起去，這次抱病也要去啊。

朋友的昏睡照。　攝影／鄭若芸

與海有約

邱凰華

二〇二二年暑假尾聲，原本已跟兒子口頭約定，等我入院「整修」後，一起完成我們每年的既定行程：到花蓮賞鯨。沒想到一個以為安全不過的手術，出院當天我的左手竟握不住一個杯子，出院單也從手中滑落，說話無法精確的發音，想起五月天〈轉眼〉的歌詞，「以為的日常，原來是無常。」竟活生生發生在我身上。剛出院回家，又被緊急送往急診，「血栓」、「輕微腦中風」，聽到急診科醫師與先生的對話，我裹著毯子癱在輪椅上，腦中卻出現一片大海。

「為什麼不說走就走呢？」躺在病床上，只能注視著點滴瓶裡藥液緩慢的滑落，心中卻想著賞鯨船滑行在湛藍的大海上，船隻行駛激起微鹹的白色浪花。過去每一年，只要想起暑假可以與兒子攜手出海，母子一起面對廣闊海洋，總會忘卻俗事煩惱，將兩手掌心往前，盡情吸取海洋的正面能量。從此默默與海約定，這樣的儀式感，讓擁有不會暈船體質的母子檔，感到莫名的自傲。

不知打了幾瓶點滴後，我默默許願，如果能康復，我一定要實現與海的約定。出院後，努力的復健，職能治療課程讓我回到幼兒園階段，捏黏土、組積木，為的是要讓左手可以正常出力。終於在一年後的二〇二三年暑假，我的左手可以持著船票，踏上賞鯨船，參與五個小時的「π計畫」航班。

養病這段期間，島嶼社會經歷了三年世紀疫情，而我則是經歷了陸地上舉步維艱的困境，能夠踏上賞鯨船，真正感受到自由與自在，連大口呼吸都是幸福的。我告訴賞鯨公司的呂大哥說，此行，我是來圓夢與還願的。

賞鯨船離開了花蓮港，往太平洋東點前進，為了紓解搭船的不舒適感，解說員提醒大家眼睛看向遠方。我很喜歡這句叮嚀，因為當我們把目光聚焦在眼前的視野，常會為了瑣碎小事心煩意躁，若試著把眼光看向無際的遠方海洋，很多無謂執著也就跟著解套了。

發現前方十一點鐘方位有水花線索，大家朝船隻左前方看過去，一群飛旋海豚倏地躍出海面，並快速做了個完美的轉身動作，速度快到我來不及按下快門。福爾摩沙協會的志工海幫手，此時進行水底收音記錄鯨豚的聲音。海幫手把收音麥克風綁著像紡錘的重物垂到海面下收音，再透過錄音機放出來，讓我有機會第一次在海上聽到鯨豚的聲音。聲納雖模糊但悸動滿滿，想到海有多深，我們竟有幸聆聽大海的心跳。

接著我們又與一群弗氏海豚、花紋海豚相遇，船隻穿越了流界線，解說員解釋說，海裡如果有兩股不同溫度、鹽度、方向的海流彼此推擠，就會形成這樣的海流交界線。

可以從疾病中站起來，可以在甲板上來回穿梭，這看似簡單的動作，我可是花了足足一年的時間來復原。如今終於得願來到海上，航程中我一直很開心，人生跨出了界線，如同海洋交界形成不同色彩的生命潮界線。

我興奮地把拍到的海洋與海豚畫面分享給好友，朋友回 Line 訊息說：「很厲害，妳是屬魚的……」

炎熱夏日，吹著海風聽導覽，時間一下子就過了。此次的夢想航班，雖然沒遇見心心念念的抹香鯨，引用名言「海洋無可預約，但值得期待」。留著遺憾，代表下一次的與海有約。

上：與海有約。　攝影／邱凰華
下：聽水下麥克風錄到的鯨豚聲音。　攝影／黃琦智

偽虎鯨。　攝影／廖鴻基

偽虎鯨

廖鴻基

出港一刻鐘不到，瞭望台上傳出發現鯨豚的一聲高呼。船前兩公里距離外，海面水花頻繁，判斷是一群「散散」（散布在寬廣水域）的鯨豚。出港不久就發現鯨豚，是首航好兆頭。

遇到鯨豚是第一個幸運，但這種散散隊形的鯨豚，通常是正在忙自己的，不會太搭理船隻。這種狀態下的牠們雖不刻意避船，但船隻若想主動接近也不容易。五分鐘後工作船抵達裸眼接觸距離，第一眼發現體型不小，第二眼看出體色褐黑、背鰭圓頂高突，首航首見的是一群偽虎鯨。

「偽虎鯨」（False killer whale），全身黑嘛嘛被歸為「黑鯨家族」成員。身長六公尺，重約兩千兩百公斤，屬中型鯨。野生動物中若名字裡帶個「虎」字，或英文俗名中含「Kill」字眼的，通常獵性兇殘是殺手等級的傢伙。儘管牠們冠了個「偽」姓。過去曾見過牠們玩弄鬼頭刀，玩弄芭蕉旗魚，總是一番凌虐後才吃下獵物，像貓在玩弄牠掌握下的耗子。也遇過牠們追逐飛旋海豚，但也好幾次看見牠們將嘴裡的漁獲分享給游在一旁的夥伴。

牠們往南快速游進，偶爾迴身打出水花。獵食任務在身，牠們不太搭理尾隨的工作船，一路領著我們朝南快速前進。一刻鐘不到，這群散散狀態的偽虎鯨群已帶引我們回到花蓮港外。以為這趟遭遇大概就這樣子了。

偽虎鯨雖不是計畫主要目標抹香鯨，但計畫航程中老天給的任何遭遇機會，我們都不會放過。包括記錄牠們的生態、影像、聲音、航跡以及文字紀錄等。這些資料，相信可以延伸為相關海洋資產，豐富台灣海洋內涵。

從海面噴氣和這群偽虎鯨游進打出的水花來計數，視線範圍內，這族群至少六十隻。這些年來近岸海域甚少遇到如此大族群的偽虎鯨。從牠們的追獵隊形以及南向快速游進的行為，船長判斷，這群偽虎鯨群將穿越花蓮港外「推流」（逆著黑潮）往南離去。

我們正打算與這群首航好頭彩遇見的偽虎鯨群在花蓮港外道別，沒料到，彷彿有一道我們眼睛看不到的界線攔在花蓮港外，或者是牠們的領導，在這分手關鍵，下了一道我們既聽不見也無法理解的命令。這群原本往南急速前行的黑衣武士，忽然整群回過頭來。

甚少鯨群如此鮮明的一百八十度轉向。一回頭，風向、流向一轉，牠們對工作船的態度也跟著大幅改變。放慢游速，牠們與工作船間的距離明顯縮短，態度也明顯溫和許多。

這群偽虎鯨分別來到工作船邊，像是特地前來致意，表達歡迎加入牠們群組隊伍的意思。其中最顯眼的是一對母子，好幾次牠們接近工作船到非安全距離（沒有距離），如果工作船是可能的威脅，媽媽肯定不會把孩子帶來船邊，這位媽媽顯然相當自信，像是在介紹這艘船給孩子認識，又幾分像是為船上忙著按快門、做記錄的我們曬曬她可愛的孩子。

孩子身長不到媽媽三分之一，可能出生不久。媽媽身形流利光滑，皮膚幾無瑕疵，判斷是一位年輕媽媽，這會不會是牠生命中的第一個寶寶。媽媽從容篤定，小孩忽左忽右緊緊跟隨，媽媽以行為跟孩子說：「相信我，跟上來。」

媽媽陪孩子看世界，包括來來往往的船隻，哪一種可以接近，哪一種必須保持距離。不是全面禁止，也不是完全放任，媽媽決定在家族組成的安全網中，大方陪孩子長大。

機會難得，海幫手們動作俐落在船尾放下收音麥克風，收錄牠們的聲音。訓練有素相當專業的操作才一陣子，船員開玩笑說：「不用錄了，無彩工。」

甲板上每個人都聽懂了這句話中的幽默，因為工作船雖有三層甲板，但不管哪一層，都能清楚聽見船邊偽虎鯨發出的高頻哨吟聲。

假定這樣的聲波是牠們的攻擊武器，我們被完全擊中。

牠們發出的聲波像穿透力很強的穿甲彈從水下朝工作船射擊，聲音子彈射穿每一層甲板後，流彈般在船上所有空間裡亂竄。

牠們發出帶著旋律的一陣陣哨吟聲，聲音輕柔綿密，不強勢但很堅持，繞樑在船上每個角落，滲透到工作船上的每個毛細孔，鋪陳在每張耳膜上旋舞，如此共鳴我們的靈魂。

感覺被掃描、被閱讀、被呼喚。

只有旋律沒有歌詞，聽不懂得牠們想表達什麼，只能合著此刻牠們與工作船的互動行為感受牠們哨吟的善意和恩典。

船邊似乎進行著一場水下禮拜，牠們在船邊吟唱、歌頌和祝福。

恍然間明白了，牠們為何轉向，為何親近工作船。也許牠們知道，跟隨且融入牠們的這艘工作船，是需要被關注、被祝福的「π 計畫」首航。

偽虎鯨家族。　攝影／鍾硯丞

來船邊曬寶寶的偽虎鯨母子。　攝影／廖鴻基

春季舞台

廖鴻基

春秋代謝，陰陽潛移。春天寒暖交替，是萬物流動的季節。隨日曬角度挪移，氣候轉換，萬物醒覺，開始在高低緯度間，在寒暖渡口上，揚起飛羽，搧動鰭翅。有些來到，有些回返。

一年伊始，萬象更新，這季節鋒面仍然頻仍，海況變化多端。這季節過去甚少賞鯨航班，由於「π計畫」為全年性計畫，才會選在開春後首航。幾分像是為了首航來捧場的這一群偽虎鯨，當牠們翻身北轉後，似乎有道無形界隔、無形簾幕被牠們給拉開來了。工作船上一連串驚呼聲持續爆開。主要活動範圍在西南沿海，較少在花蓮海域出沒一般稱為「近岸型瓶鼻海豚」的「印太瓶鼻海豚」，竟也出現在工作船邊。沒多久，又發現花蓮海域甚為少見的「糙齒海豚」陸續登場。牠們不是分別出場，而是混在偽虎鯨群中悄悄露臉。鯨豚的混群現象並不罕見，但願意跟虎字級的殺手混群的並不多，不

曉得彼此關係為何？

輸人不輸陣，空中也熱鬧了起來。發現只會在這季節出現的「黑腳信天翁」，不久，東部海域不曾見過的「鸕鶿」也來湊一腳。這方海域算是航行了三十年，首航這天，出現在船邊的許多畫面，還是這輩子首見。

空中飛的，水裡游的，工作船視野裡看得見的和看不見的，返航時我閉起眼深呼吸，充分感受這片水域底下，萬物在西太平洋春季舞台上熱鬧流轉的蓬勃脈動，完全不輸給岸上花開草長、百花爭妍的花季。

花蓮海域難得一見的糙齒海豚。 攝影／廖鴻基

坐而讀不如起而行

孤鯨

幼時，大海之於我就是上學途中的風景，看著波光粼粼，望著颱風前夕的暗潮洶湧，聞著漁港熟悉的海味，這一切都是熟悉的日常。卻從沒想過在海上與它相認。

長大後，終於有了機緣，但大海似乎考驗著我們，歷經了車票搶不到、天氣不允許，三次錯失後，今年三月終於來到海上。

出海前，做足了功課，鯨豚的知識以及船上各種應對。跟同伴約好，在船上不可以奔跑，一定要保持冷靜。

一到了海上，聽到船側有偽虎鯨時，陸地上的約定，就被留在陸地上了。不顧頭可能敲到船頂，不顧腳步可能被甲板的突起物絆倒，我們還是在船艙兩側奔走，手指不斷按快門，眼睛一秒也捨不得離開。直到回程時，才回神，取笑彼此因為大海的驚喜而忘了規矩。

工作船一離開港嘴，視線就被藍綠色的海面以及因航行而濺起的浪花迷住。海風強勁但不會寒冷，海浪，高低起伏卻不覺得恐懼，迎面而來的海巴掌，彷彿是海洋對我們的歡迎。終於在海上相遇，那陡峭但線條和緩的山脈以及水天一色的海面，剎那間，我們懂了這樣的山海，本是密不可分，我們看見了海洋台灣，終於懂得福爾摩沙的美。

終於來到海上，才發現，家不該只是岸上的人情世故。

首次出海，沒過多久，便遇到了花紋海豚，即使身影匆匆仍迎來了我們的驚呼，牠們真的是海洋的信使連結著海洋與我們。海洋不再只是旭日東升的海面，而是我們的家園。之後，熱帶斑海豚的親暱靠近，讓人屏住了呼吸，沉迷於牠們輕盈靈動的泳姿。

何其幸運，七月九日這天，整整五小時，我們與抹香鯨相處，直到落日餘暉下，看見一尾抹香鯨在夕陽下悠游，面對如此景色，全船沒有聲音，最後牠緩慢舉尾跟我們說再會。

幾次出航後，發現書中描述的海如何也比不上親身經歷，書僅能呈現畫面，而身在其中的感動，真是無法言喻。每一次看海，都有不同的驚奇，在海上與鯨豚相遇的驚喜，讓我時常覺得，人世間的紛擾，似乎在這塊藍色領土上煙消雲散，有種「欲辯已忘言」之感。

在這片遼闊的疆土上，在這和緩起伏的海波中，我們拋卻了生活上的煩憂，靜靜地擺盪著，甚至舒服地安睡。

出海，一定不是最後一次，而是預約著下一次，與鯨豚好友相約再見，希望彼此安好。回到陸地上的我們，努力讓海洋更好，讓更多人認識我們的海洋家園。台灣像一頭西太平洋海上的孤鯨，因為我們缺乏對於大海的認識，我們的腳步始終停留在沙灘線上。希望不久之後，台灣是悠游在海上自由自在的鯨，不再孤單。

夕陽伴隨抹香鯨舉尾下潛。 攝影 / 藍振峰

領航鯨

廖鴻基

三月三樣三，多變的春天氣候中，難得三月八日出航日海況平穩。離岸一段距離後，發現鯨豚，船長抽空從駕駛台天窗朝瞭望台上的我們匆匆喊了句：「弗氏海豚和領航鯨。」

真是好眼力。

弗氏海豚和短肢領航鯨偶爾近岸，多數時候出現在離岸較遠的深水海域，牠們同樣是是大洋溫熱帶海域鯨種，六小時航班拉出的離岸航距，比較有機會發現牠們。

弗氏海豚身長二．七公尺，重兩百公斤，小型鯨。短肢領航鯨，雄性體長七公尺，重四千公斤，屬中型鯨。領航鯨全身烏嘛嘛，也是黑鯨家族成員之一。這次遇到的狀態是，大群密聚的弗氏熱鬧往東衝在前頭，隨後約五、六頭領航鯨保持一百公尺距離隨後，算混群，但牠們一前一後保持距離更不容易看出彼此關係。

工作船離領航鯨兩百公尺殿後，這樣的距離已能裸眼看清楚領航鯨鋼盔似的額隆、壯碩的頭胸部，以及雄鯨誇張的背鰭。因這特殊型樣，討海人稱牠們「蹺痀鮕」，「駝背鯨」的意思。

衝在這幾隻領航鯨前面的是大群弗氏海豚，以弗氏海豚常見的歇斯底里行為，以高速度加上高密度的雙高姿態，整群往外海猛衝，密密麻麻，少說三百隻以上，海面被牠們擾起大片水花。對照下，領航鯨行為有點遜色，竟如此乖順地被衝在前頭的弗氏海豚取代了其「領航」聲名。

幸好工作船尾隨殿底，讓零星這幾隻領航鯨至少還算是領著我們工作船前行。

萬萬沒想到，眼前這場景不過是這場遭遇的序幕。海洋舞台的序幕可不是陸地劇院那種上下垂直左右拉開來的簾幕，海洋的序幕平鋪在湧動不息的海面上。當簾幕往四面八方拉了開來，舞者逐一從水下帶著水花躍出海面舞台。

衝在前頭原先以為的三百隻弗氏海豚，瞬間倍增，序幕打開後，弗氏海豚明顯分為南北兩群，每群三百隻，合起來至少是六百隻以上的大群體。

海洋多寬，序幕就有多廣，似無盡頭的大片序幕還在繼續開展。

看弗氏海豚倍增，輸人不輸陣，領航鯨家族這下子全浮上來了。

不只倍增，領航鯨群鋪成南北向橫隊，如古戰場大軍對峙陣仗，一整排偵獵隊型，相連直到工作船甲板上看不到盡頭的遙遠南方。從來沒看過這麼大群、這麼有氣勢的領航鯨家族。以眼前牠們一字排開來的大陣仗來看，衝往外海距離逐漸拉開來的那兩組弗氏海豚，不過是牠們派在隊伍前鬧場開路的兩組鑼鼓陣罷了。

見了如此規模的領航鯨隊伍，剛才真是小看、真是誤會了個個粗粗壯壯練出一身瑪索的領航鯨們。

這天，恰逢國際婦女節，眼前這群雄赳赳的領航鯨群，似乎也知道這個節日的真義。等大家族全數浮出後，整排壯盛隊伍紛紛面向東方外海用力換氣。大約二十分鐘海面休息換足了氣後，牠們再度下潛。

這次下潛的，都是誇大、誇張體型像揹著駝峰肌肉男似的雄鯨們，留在海面的，全是個體較小的雌鯨和小朋友們。雄風十足的雄鯨們，這天都認命的憋氣深潛，認命賣力地下去張羅食物。

工作船陪著母鯨和小朋友們緩緩前行，牽引船邊水體跟著船行往前流動，形成我們眼睛看不見被工作船帶著前行的一團水流。特別是船前位置，被船尖推頂出一沱湧流，是一團帶著白沫水花的昂起浪丘，這位置可是鯨豚與船隻互動的搖滾區。花蓮賞鯨船都是五十噸以下的小型船舶，船尖推出的浪丘，似乎比較適合身長四公尺以下的小型鯨小海豚們過來乘浪玩耍。熟悉水流動靜且擅長運用動態水流的鯨豚們，對這樣的「船邊流」，可是掌握得清清楚楚，像是充分感覺氣流、感覺風向的鳥羽。

不管是船頭乘浪或船邊乘浪，總會引起船上陣陣驚呼。「怎麼可能？這裡的野生動物，這裡的鯨豚非但沒躲避還主動接近我們。」儘管只是錯覺，還是激發了我們內心的歡喜，相當程度修護、彌補了我們在陸地上早已失去的與野生動物相處的信心。鯨豚船邊乘浪行為被不少人認為是一輩子中少數的美好經驗之一。

體型小，游速快，動作俐落活潑的尖嘴小海豚，常有乘浪行為，但個體大一點的中型鯨（身長四到七公尺），個性老成許多，與船隻互動行為明顯較為矜持。中型鯨若是偶爾過來船頭或船邊乘浪，也都是切擦而過的彗星般，意思意思一下，隨即偏離船邊，維持保守距離。大型鯨（十公尺以上）的船前乘浪行為實屬罕見。

小海豚乘浪行為幾分像人類活潑亂跳的小朋友看見遊樂器材的反應，中型鯨的反應比較像是搞操煩行為保守矜持的成年人，大型鯨態度根本頑固保守。無論大中小老中青，當鯨豚們來到船前船邊乘浪時，還真像是蛇擺在船前、船邊的一顆顆頑皮的魚雷，足以引爆船上情緒。

這次的領航鯨遭遇，沒料到其中一頭年輕的領航鯨過來工作船前乘浪。領航鯨的身形體重根本就是一顆重磅級魚雷，立即引爆了工作船上綿綿不絕的一連串情緒爆炸。

情緒滿載的歡呼聲中，我忽然想到，也許這頭過來乘浪的領航鯨，代表這群領航家族，過來展現一下剛才被我們誤解的「領航」氣派。

老是匆匆躁躁的弗氏海豚。　攝影／廖鴻基

上：鋼盔額隆是領航鯨的形體特色；下：一身肌肉和誇張的背鰭。　攝影／廖鴻基

大翅鯨與花蓮。　攝影／吳芷吟

大滿貫

曾天白

這天海幫手有成員生日，壽星穿著印有大翅鯨的衣服，我們是沾了他的幸運吧，三月十九日這天的六小時計畫航班幾乎沒有冷場，全船一起目睹了大、中、小型鯨全景，算是球賽中幸運的大滿貫了，包括一對母子大翅鯨、群游的偽虎鯨、如海量般的大群飛旋海豚。

遇見大翅鯨的消息傳回岸上，吸引了好幾艘賞鯨船加開船班專程出航，但整天下來，幸運的光芒似乎只照見我們的「π計畫」航班。

過去都覺得想看大翅鯨要去夏威夷、或是去日本，今天竟然在花蓮外海遇見。過去這個東北季風季節賞鯨船比較少出門，而海洋探索就是這樣，一點一滴把未知的地圖給查清楚，並試著拚出年度全貌。

大翅鯨寶寶。　攝影／藍振峰

大翅鯨

廖鴻基

明知三、四月的春季航班，有機會遇到從冬天休息場北上的大翅鯨，根據過去目擊紀錄，遇見的機率大概是抽中籤王，實在不敢奢望。

三月十九出航日，離開不久的鋒面尾巴還在海上，兩公尺基本浪高，海面不時翻出零星白沫風浪，被船頭撞碎的浪花好幾次撲上甲板。出港後東向航線，離岸漸遠。約半小時航程後，十一點鐘方位，約兩公里距離外出現一朵水花線索。沒有猶豫，沒有用望遠鏡確認，直接喊出目標方位。

遠距離發現，很少這麼篤定。

往目標邁進途中，還被幾隻花紋海豚的衝浪水花攔停了片刻。船長問我，剛才喊出的線索是不是這幾隻花紋海豚？「不是這個，還沒到，還要更外面。」

年輕時不愛看書但喜歡看山、看海，眼力維持得不錯，如今老眼昏花，對於海上

目標的確認，老實不該如此自信。船長同意目標還在外頭，工作船回復航向繼續往外推進。

續航十五分鐘後，清楚一沱水霧前方噴起。

確定是水霧，不是水花。一般來說，噴出的若是水霧有機會是大型鯨，若是濺起水花比較可能是中、小型鯨。還有些距離，無法百分百確定，歡呼聲先卡在喉頭，呼吸不由得急促了起來。

再怎麼憋也來不及了，三點鐘方位，離船邊兩百公尺，忽然破水跳出身型修長至少是中型鯨體長的顯眼目標。相機瞬間舉在眼裡，按快門的關鍵一刻，竟然按空。十萬火急趕緊放下相機查看。沖昏了頭，相機開關沒開。錯過了眼前的驚破一躍，扼腕間，只能以非鏡頭框住的全視野觀看右舷方石破天驚直挺挺躍起海面的這頭鯨。

牠胸腹部面對工作船躍起，一眼看見牠的「喉腹褶」，毫無懸念，立刻將卡在喉頭的猶豫大聲喊了出來：「大翅鯨！」（不曾在花蓮海域遇過大翅鯨，罕見鯨種的辨識，很少如此直覺直接。）

大翅鯨，也稱座頭鯨，約十五公尺、三萬公斤，牠們是沿陸棚邊緣季節性長途遷徙的大型鯨種，也因為活動範圍近岸，又「長袖善舞」（頎長胸鰭是其最大形體特徵），幾乎是人類社會中的鯨魚代表圖案，討海人稱「正海翁」，簡直就是大型鯨的標準模型。

恆春半島鄰近海域過去曾經是牠們的冬天休息場，可惜已經滅絕。二十多年前在墾丁海域執行鯨豚生態調查時，曾訪問過幾位墾丁老漁夫，他們說，冬季時在呂宋群島中的幾座無人島好幾次見過牠們。今天我們遇到的大翅鯨，應該是來自菲律賓呂宋群島，牠們春季遷徙北上時路過台灣 π 海域。

迎面直挺挺躍出的是大翅鯨寶寶，牠的媽媽在一旁守護。今天遇見的這對大翅鯨母子，媽媽闊肩寬背體態龐碩，換氣時水霧噴出至少三公尺高。小朋友健實活潑，身長約四到五公尺，連續三次躍身擊浪。

接著大約半小時接觸過程中，這對大翅鯨母子除了露出換氣，並未舉尾深潛，小朋友也不再躍出。可能是小朋友出生不久，媽媽帶著「涉世未深」的牠第一次長途遷徙，警戒心較重，一方面是小朋友太小未能深潛，一方面是被媽媽警告，不准再躍出水面招惹。

牠們母子每次換氣間隔約四到七分鐘，每一次都跟工作船拉開距離，明顯是媽媽護子心切而回應的避船行為。

抽中籤王般難得一見，我們當然想多接觸幾次，多收集些資料，但大海是牠們開闊的家園，牠們擁有絕對優勢的三度空間，而我們只能留在海面耐心守候。

媽媽只給我們三次接觸機會，然後帶著聽話的小朋友，順利擺脫了我們的跟蹤。

只好祝福小朋友健康長大，祝福這對長途遷徙的大翅鯨母子旅途平安。

我轉頭看向台灣高聳的山脈，默默跟這對大翅鯨母子說：「島嶼高聳山脈為約，希望你們下次經過時，小朋友健康長大，並且得到媽媽允許，與這座島、與島上的我們歡喜相見。」

大翅鯨母子離開後，工作船往北、往外、再往內，當然是猜想牠們的航跡，希望有機會再見一面。但工作船只能水面來去，茫然想像水下牠們寬廣深邃的心思。就這樣來來去去，工作船企圖翻遍沿近海的每一褶波浪，但空找了三個半小時一無所獲。奇怪，這海域常見的小海豚也忽然消失不見了。難道是因為罕見的大翅鯨登場，這海域必須完全清場淨空？

直到傍晚，大翅鯨母子大概走遠了，飛旋海豚才熱鬧出場，才半小時間隔，換偽虎鯨登場。

看著偽虎鯨頭頂張開的圓形單鼻孔，忽然想起這對大翅鯨母子的鼻孔是鬚鯨專有的雙鼻孔。

菲律賓籍的大翅鯨。 攝影 / 廖鴻基

給航向大洋的你

林美惠

終於出海，船隻越過花蓮港港嘴的那一刻，我忍不住想像，你最後一次腳頂著這個島嶼，推開船，一躍而上航向大洋的樣子。

我們這趟出海，是為了尋鯨。

傳說海曾經將你的祖先帶往女人島，成為島上唯一的男人，是大鯨魚救了你，幫你回到故鄉，並教會你建造大船的技術。彼後你要族人世世代代祭拜鯨魚。

你就是划著那種可以在大洋中日日夜夜航行的舟還是筏，離開這裡再也沒有回來的嗎？

港嘴之外，越過一道一道的流界線後，浪漸漸雄渾了起來。工作船「多羅滿號」像是撞上海浪石頭那樣發出巨大澎湃聲響。海浪是水，卻是硬著來的。究竟你的船如何抵擋這樣的浪？你又如何乘浪遨遊如何保護你和你的家人、以及你們從家鄉攜帶的構樹母株枝條？

你們就那樣消失了，再沒有人知道你們是怎麼航行於大洋的，只有星布大洋上的島嶼，其上流傳的語言、血脈、玉石、構樹，能夠探知你們確實從這裡航行到了那裡。

傳說中，鯨魚交給你們的生命與壯志，串聯起這片地球上最大片的海洋。中國古人孔子說：「乘桴浮於海。」我忍不住想起另一種被戲稱為漂浮於海上的巨型木頭：會噴氣、會舉尾下潛、會引起船上遊客興奮呼叫的抹香鯨。

抹香鯨乘著溫暖的黑潮，沿著台灣東岸的太平洋川行洄游，完成牠們極區跨越赤道來回於南北半球的偉大航程。你們航行那麼遠，你們一定也和抹香鯨與其牠鯨豚共游過吧。

工作船「多羅滿號」航行更遠了，向西而望，島上一列青山高踞，猶如巨大無比不見首尾的巨鯨浮於海。在驚呼聲中，一群領航鯨從左舷海面出現了，船長熄了引擎，讓船漂浮。沒了引擎聲，領航鯨的噴氣聲清晰地此起彼落，把工作船織進他們的聲音網中。海面上只剩下數百隻領航鯨的噴氣聲，pooh……hu、pooh……hu。

肉眼便清晰可見的近處，氣息濃厚如在耳際。那時我幾乎要確信，我聽到了你航向大洋時也曾聽過的聲音。

就是這樣奮力向前的聲音啊。

猶如你仍在召喚著島上的我們，追隨鯨豚的同時，也一次又一次壯大了久違於海洋的島嶼子民的胸臆。

pooh……hu、pooh……hu，從花蓮港出發，從島嶼母鯨之臍生出，游向大海。

尋鯨之跡，亦循你之跡。

pooh……hu、pooh……hu。

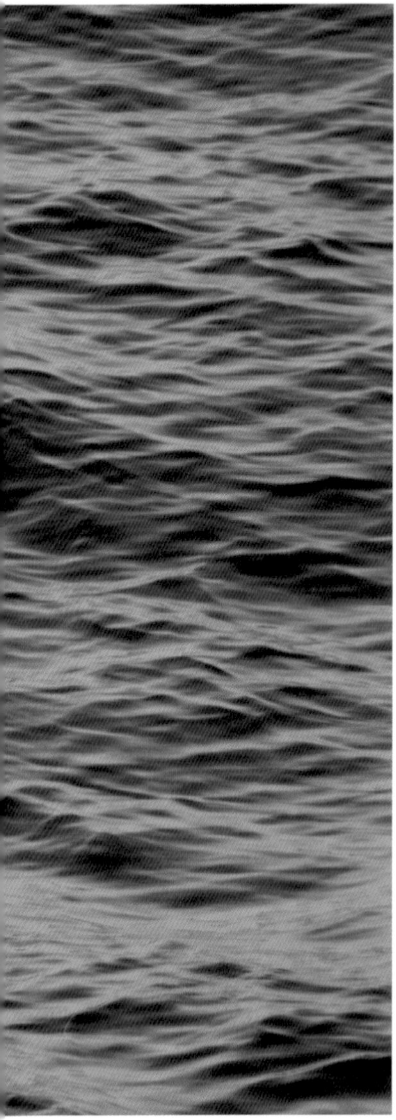

領航鯨。　攝影／藍振峰

第二季

廖鴻基

四到六月這一季，「風」為主場。

潤二月，被航海人認為天候海況最難掌握，被討海人形容為「三月三樣三」，天氣多變化的農曆三月，延續到新曆五月下旬才結束。太平洋海域的「大南風期」緊接著續場。

無風不起浪，使得第二季計畫深切受風影響。這一季原本規劃了十三趟航班，因天候因素造成的安全考量取消了五趟。

面積越寬敞的海域，海況受風影響越大。這季節太平洋西側沿海的平均浪高約兩公尺，形成著名的太平洋湧浪。若是又遇上四到五級以上的風力，小山崙一樣的湧浪浪頭便會崩潰成海面白蒼蒼浪花。

這海況下，工作船十分顛簸，白浪嚴重干擾鯨豚線索的遠距離發現。無論是中小型鯨因水面行為打出的水花，或大型鯨噴出的水霧。發現率低加上出航率低，計畫第二季，受風、受天候海況影響，是備受考驗的一季。

士氣低迷，甚至是灰心失望，是這一季常有的心情寫照。

除了天候海況，這一季的特色是擴大航行範圍，拉長探索陣線，往北延伸到宜蘭海域，往南擴及台東海域。

「π計畫」，根據海底地形、根據多年西太平洋沿海生活及觀察經驗，我們認為，台灣東側「π」字型沿海，蘊含了神祕的未知和無窮的機會。

抱歉

廖鴻基

計畫中的任何鯨豚遭遇都是好事，不管大小，發現目標後工作船總是精神一振，邁浪前往。既然已經搭上時間這麼久搜尋範圍這麼廣的航班，無論是計畫目標或個人貪念，就是希望遇見大尾的、遇見稀奇罕見的「怪咪啊」。

其實不應該有這樣的大小心、差別心或得失心，但這樣的計畫航班究竟難得，每次當工作船遇到常見的基本款小海豚，船邊、船上一陣熱情熱鬧過後，心中難免

嘀咕，好像不該花費太多時間在沿途遇到的小海豚身上。心情時常被放在必須放下和捨不得放下的天平上左右為難。

匆匆道別時，會在心裡跟小海豚說：「抱歉啊，我們目標遠大。抱歉啊，我們要去離岸更遠的海域，尋找更大尾的。」

有時候外海遍尋不著空白了一大段後，不由得懷念剛才近岸熱情善待工作船的小海豚朋友們，很想跟牠們說，「抱歉啊，辜負了你們的熱情。」

熱情熱鬧的飛旋海豚。　攝影／廖鴻基

台東海

廖鴻基

「π計畫」南下，首次在台東成功港出航，特別感謝長途開車遠道而來的每一位參與計畫航班的朋友。

行前與賞鯨船「晉領號」船長討論，打算沿著π南邊被稱為「雪泥」的轉折點往綠島方向探索。出海後發現，北風陣陣，海況不佳，船長臨時決定修改航線，往成功港北方海域搜尋。

灰雲低空層疊，水色暗沉，海面鋪了一層烏亮的視線盔甲，恐怕非得鯨豚破水躍出才有機會發現，偏偏這天的牠們不愛跳。一個多小時航行後，越過三仙台海域一段漫長等待後，終於發現四隻花紋海豚。這四隻花紋行為異常，閃閃躲躲，帶著「晉領號」在小範圍海域內繞圈圈，感覺像是偷偷在進行什麼不想讓我們知道的儀式。

隨後，花紋大落價，一路上遇見的全是花紋海豚。

發現花紋海豚次數多到讓工作船抱怨：「看在我們遠道而來的份上，拜託，來點別的好嗎？」

又發現線索，「晉領號」奮起邁進。接近後發現，喔，不，又是花紋海豚。

藍老師開玩笑說：「今天是國際花紋日嗎？」

國際花紋日。　攝影／廖鴻基

三艘賞鯨船間穿梭的飛旋海豚。　攝影／廖鴻基

宜蘭海

廖鴻基

「π計畫」北上，搭乘宜蘭烏石漁港的賞鯨船「凱鯨號」航行於宜蘭海域。

計畫想要探索的並不是龜山島周遭的陸棚海域，而是π的北端轉折點，大約位置在東澳鼻外海，離烏石漁港直線距離約五十公里。

工作船「凱鯨號」離開烏石漁港不久，船上工作人員接獲「斥候船」線報——龜山島附近有一群海豚。這海域已經上了東海陸棚，跟花蓮、台東的深邃大洋環境大大不同。海面上看不出來，但陸棚、大洋兩種環境好比高山跟平地的生態差別，我們認為，鯨豚種類應該也會有所差別。

才這樣想著，熟悉這海域的工作人員真的就喊了：「看！真海豚！」

「難道是有假海豚？」有趣的聯想。無關真假，這種海豚英文俗稱common dolphin，意思是平常可見的海豚。

花蓮海域曾見過少數真海豚個體混在飛旋海豚家族中，而且其「真海豚特徵」也不是那麼明顯，很可能是飛旋與真海豚的雜交種。這天工作船邊如此兩百五十隻以上的大群真海豚，是這輩子首見。

真的假不了，這群真海豚體型大於飛旋，體側及背鰭上的淡黃色斑塊明顯，寬吻，牠們游向不定，與船隻互動關係少，帶著我們在龜山島北側海域繞圈圈。開了眼界，算是這趟的大收穫了。但也因而耽擱了前往東澳鼻目標海域的寶貴時間。

種種因素，這趟宜蘭海航程往南大約只到蘭陽溪外海就折返。

返程途中，離岸深海區遇到熱帶斑海豚，「凱鯨號」不少船員竟是第一次見到，就像我們遇見真海豚一樣驚奇。不過是搜尋了不同海域，彼此都有新發現，有趣的交流經驗。回到龜山島東側海域終於有了「共識」，遇到大群彼此都熟悉的飛旋海豚。

飛旋海豚始終保持發現率王座，從花東一直到宜蘭，從大洋跨陸棚都有牠們的身影，是台灣東岸太平洋海域發現率最高的小型海豚。牠們與賞鯨船親密互動，以及牠們豐富多樣的水面飛旋行為，輕易就能博得船上遊客的歡呼和掌聲。出沒過於頻繁吧，對於看牠們已經看到熟識程度的船上工作人員和我們，當牠們又來船邊耍把戲時，還是忍不住唸了一句：「起痟。」

這次的飛旋，牠們瘋狂地在三艘賞鯨船之間穿梭跳躍，夕照暉光中，龜山島為背景，惹起看飛旋海豚看到已經不想再看的我們，還是拿起相機，一邊按快門一邊碎碎唸：「遇到一群痟欸。」

龜山島附近遇大群真海豚。 攝影 / 廖鴻基

龜山島和斥候船

曾天白

「凱鯨號」出發不久，斥候船很快就無線電通報該海域賞鯨船過來看，說是長吻真海豚。

「凱鯨號」船員說：「烏石港這邊，每個賞鯨業者都要付錢給這艘斥候船，斥候船一離岸無論有沒有找到鯨豚，都要付錢給他。斥候船在海上待一整天，就是盯緊海豚群，並用無線電通知賞鯨船來看海豚。」花蓮賞鯨海域並未設置斥候船，可能跟宜蘭這裡賞鯨活動人口多，以及這裡的鯨豚發現率有關吧。

看過真海豚後船隻轉向，例行性的繞龜山島一圈後，我突然有種感覺，龜山島，真的很像烏龜耶。某位船員跟我說：「龜的屁股對著宜蘭，面朝太平洋，整個宜蘭都看得到龜山島，若是從外地回來，只要看到這個熟悉的宜蘭地標，就知道離家不遠了。」

我走進寬敞的船長室，意外聽見老船長與年輕船長（父子關係）正在爭執「到底該往那個方向走」。

海水深度在龜山島周圍是七十五公尺，往南航行將近一小時後，位置差不多在蘭陽溪外海，水深已達一千公尺，然而放眼望去，只有逆光的海面金黃的浪花，沒任何鯨豚線索。

「再這樣開下去，是要開到花蓮嗎？」頂不住各方意見，年輕船長回頭轉向東北。還在恍惚之際，重重的煞停，船隻把速度放慢。我急忙跑上二樓，想確認發生什麼事，結果是遇到了超過百隻的熱帶斑海豚。他們豚游、空中展示跳躍，跳得又高又近，感覺像是在熱烈歡迎我們。

年輕船長把舵交給老船長，從左舷走出船長室，跟著乘客、船員們歡呼，開心地說出，「哇，我第一次看到熱帶斑海豚。」

工作船跟隨一陣子，發現熱帶斑海豚悄悄散開離去。藍大哥提醒老船長要有些速度，熱帶斑海豚才會過來乘浪。像剛才龜山島附近遇到的真海豚，不是我們熟悉的菜色我們就不敢講話，但是像熱帶斑這種大洋型的鯨豚，我們的互動經驗較為豐富。

返航途中，我再次溜進船長室聽船員們聊天，氣氛明顯緩和許多，年輕船長笑著說：「報給其它賞鯨船這裡有熱帶斑海豚，他們完全沒興趣。」有位船員回應說：「這邊喔，一小時到不了唷？」年輕船長說：「一小時？太遙遠，其它賞鯨船完全沒興趣。」

不久無線話機通報，龜山島北邊遇見大群飛旋海豚，船長隨即調整為龜山島航向。來到後，看見的是賞鯨廣告等級的壯闊場面，一大群飛旋海豚表演空中旋轉，背景是龜山島和夕陽。

回烏石港途中，我問藍老師，「船這麼靠近，不會撞傷飛旋海豚嗎？」他回答說：「如果這距離讓海豚感到威脅，牠們自然會下潛，不用擔心，反而是沒有速度，牠們才會遠離船邊。」

龜山島與斥候船。 攝影 / 曾天白

雙春

廖鴻基

清明一段日子過了，五月深入，但鋒面仍抓緊春的尾巴不放。計畫因海況不佳，連著取消了好幾個航班。

今年閏二月，農曆節氣還留在多變化的春季氣候型態中。難怪都五月中了，天候海況依然飄忽不定。閏二月，意思是雙春。兩個春天聽起來是好事，但是對海上工作來說，則是在不確定的天氣因素中迂迴折騰。

海上水氣重，拍的照片都帶著濛濛濕氣。一邊期待撥雲見日亮開來的盛夏光景，一邊不得不讚嘆古人如何能以有限的生命框度，窺見如此跨距的雙春閏二月氣候週期。

五月十四日，春的尾巴繼續漫延，烏雲低壓，天空依舊抑鬱惆悵。兩點十分工作船在和仁及和平外海遭遇一群獵性旺盛的偽虎鯨，牠們顧自撲浪前行，似乎還在春季狩獵節奏中，沒空搭理船隻。

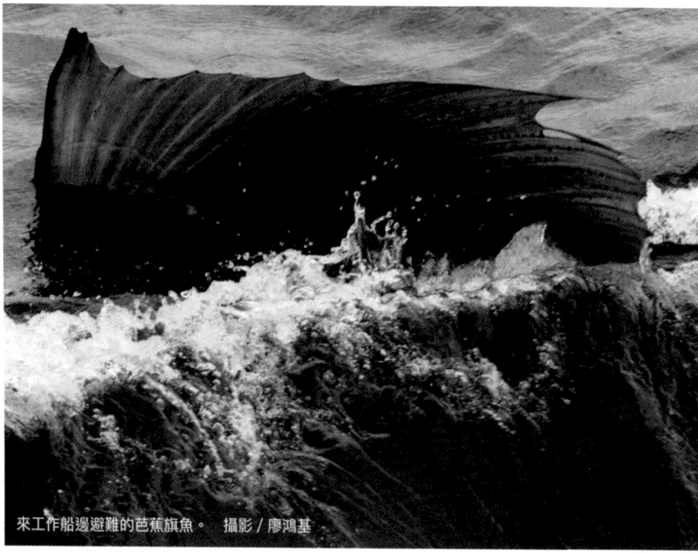
來工作船邊避難的芭蕉旗魚。 攝影／廖鴻基

兩點二十六分，船邊出現一隻芭蕉旗魚，將工作船當成避難所，徘徊在船邊賴著不走，足足二十多分鐘。

這隻芭蕉旗魚，傘一樣的背鰭仍然完整（尚未破裂成破雨傘），判斷是個青少年。海上見過偽虎鯨玩弄掌握下的芭蕉旗魚，這隻青少年大概是憑體能、速度和機敏，逃到工作船邊避難，才逃過這群偽虎鯨的虎口。

生魚片

沙珮琦

說到「旗魚」，會想到什麼？我想到的是「生魚片」。但這次出航之後，我有了新的答案。

隨著「π計畫」來到第二季，我漸漸整理出屬於自己的出海心得。守則第一條：「千萬不要立下任何flag。」剛開始的每趟航班，心中都會偷偷期待著抹香鯨的身影，可惜，大海不是餐廳裡的菜單，不會輕易回應我的點餐。

不期不待，反而帶來鯨喜。

今天一出航，便遇上了一大群花紋海豚，與船隻保持相近的速度，偶爾在船頭乘浪、矯健靈活的身軀躍出海面，復又迅速下潛，真如海上精靈，一見面便令人滿是歡欣。而後，花紋海豚與弗式海豚的混群出現，成群的弗式海豚之間，偶爾可以瞥見幾隻花紋的身影。

從前上課時便曾聽過這兩種海豚容易混群，但第一次親眼見證，還是感覺有些不可思議。混群，其實就是不同種的鯨豚卻一同行動的情況。雖然有多次混群紀錄，混群背後的真正原因，還是個謎。雖然鯨豚共游的真正原因大概不像迪士尼動畫中那般夢幻，但謎底尚未揭曉前，還有許多想像空間。

忽然，偽虎鯨出現！

偽虎鯨是我的出航紀錄表上尚未打勾的種類，不由得特別興奮，可惜鯨群不特別親船。

這時，船邊卻迎來了另一位稀客。只見牠略泛著紫藍色光澤的背鰭露出水面，逆著海流游動，而水面下的身影似乎呈現銀色。我看著牠尖尖的嘴（其實該稱為吻），總覺得這身影有些熟悉，卻一時叫不出名字。

解說廣播說：「這是芭蕉旗魚，又稱雨傘旗魚。」

嗜吃旗魚生魚片的我，從來沒特別想過，到底有多少種旗魚，也未曾想過，花蓮海域能看到哪些旗魚。原來，芭蕉旗魚的名字來自牠如芭蕉葉、如雨傘般的帆狀背鰭，不僅在台灣各地都有，也是東部海域常見的洄游性魚類。過去曾是「鏢旗魚」的重要目標之一。

旗魚為什麼會靠近船邊呢？解說老師解釋道：「是在躲避獵食中的偽虎鯨。」

那一刻，課本上讀過的食物鏈，躍然眼前。從未有過任何剎那，如此讓我真切地感受到何謂「海洋教育」。大自然實實在在為我上了一課，不同於課本裡的生硬字眼、不同於紀錄片的絕美畫面，如此直擊內心，像是開啟了一個嶄新而充滿真實感的世界。

這條芭蕉旗魚緊靠著船隻喘息，而稍遠處的狩獵者仍虎視眈眈，旗魚、偽虎鯨與船隻三者之間，在短短幾分鐘內，形成了一個絕佳的動態平衡。雖然海流還是不斷翻湧，可我們就那樣保持著差不多的距離共同前進。

不知為何，覺得當下的情境帶了些禪意。漁船是旗魚的捕獵者，這趟的工作船是賞鯨船，船隻可以是獵者，也可以轉換成類似守護者的角色，如此想來，也頗有些值得玩味的細節。

直至此刻動筆之際，我還在想，明明是參加尋找抹香鯨的計畫，而我卻是為芭蕉旗魚貢獻了一篇文章。沉靜想想，又覺得航程對一個人內心的所感所得騙不了人，還是做個誠實的記錄者，寫下這一次難忘的相遇。

於我而言，從此海鮮不再只是海鮮，而是真正鮮活且充滿生命力的海洋生物。廣袤大洋中，每一次相遇，皆是一期一會，而我是如此期待，未來的所有遇見。

當然，生魚片也還是會繼續吃的。也祝福大家，未來能有機會能看見生魚片還沒變成生魚片的模樣。

芭蕉旗魚。　攝影／藍振峰

大隻

廖鴻基

釣魚人互相取笑，「拉不上來的攏嘛上大隻。」六月六日，航班竟遇到類似狀況。

午後約一點，大南風，海面滔滔白浪。工作船才從頂風頂浪轉身順風順流不久，風浪中驚見右舷前約三百公尺掃過一道黑影。計畫航班，我們已好幾次來到等「手氣」的位置，任何發現，都可能剎那間夢想成真。

果然大隻，背鰭很大片，身體很長（可能有船身長度）。我激動的心跳握著麥克風已經喊出：「大隻的！」

就這樣，驚鴻一瞥，目標以迅雷不及掩耳的速度閃電下潛，完全不給久候的我們第二次機會。

就這樣，來不及拍照，沒有錄影，沒任何可據以憑證的紀錄，剩下的只能口頭形容。所以應該是很大隻、很大隻、很大隻的「怪咪啊」。

抹香鯨尾。 攝影／藍振峰

第三季

廖鴻基

七月到九月為「π計畫」的第三季，這一季是「旺季」。

這一季炎熱值班，太陽燒得旺旺旺，這一季是西太平洋一年到頭海況最平穩的三個月。這一季涵蓋學校暑假，也是賞鯨活動出海人數最旺的一季。配合賞鯨航班，也配合白晝拉長的天光，這一季計畫航班往後調整為下午一點到六點，一趟五小時。三個月下來，我的相簿盈滿了海上黃昏夕照，以及平靜海面上的各種鯨豚身影。

北風遠離，南風不再是五、六月初來到時那般下馬威似的「昂聲聳鬚」，這一季颱風除外，有機會遇到討海人形容的「水面凝油」，海面無波無浪油油亮亮；有機會遇到「果凍海」或「海面如鏡」的海洋睡著了的場景。遇到這種海況，光影沉澱，聲音變得多餘，波痕線條毫無扭曲、掙扎的意圖，只剩柔和。這種海況下的航行即使沒有「鯨喜」，也很享受。但若幸運遇到鯨豚，每張照片都可能媲美藝術大師傑作。想想那無風無搖的場景、那平坦海域的畫面，倒映在海面的天色光絲，被鯨豚的游動悄悄牽引，以我們調色盤欠缺的天然顏料，聯手展演工作船邊很可能是人類藝術史上的一幅幅新頁。

海面平靜，視野無遮遼闊，沒有浪峰、沒有白色浪花干擾，鯨豚失去了隱身的屏障，牠們只要在海面上稍微打個噴嚏就可能被眼力極好的船長和船員們發現。雖然也很多時候，長時遍尋不著的情況下讓我們懷疑，鯨豚們是否因為不願意干擾海面難得的平靜，而忍氣吞聲、而極力壓抑牠們的游動和所有行為。

整體來說，這一季的鯨豚像是脫下了隱身外衣，無論發現的鯨豚種類或發現率，都排名在年度前茅，這一季是鯨豚旺季。

這一季，抹香鯨出現的次數將近四十次（多羅滿賞鯨公司所有航班），創下賞鯨活動二十六年來的最高紀錄。「π航班」除了順利收錄到抹香鯨的聲音，我們也在花蓮海域圖上標立了多筆抹香鯨身影出沒的熱點，這些資料，幾乎可以證實太平洋抹香鯨在這一季穩定出沒於花蓮海域的事實。

這一季，豐富了我們「π計畫」成果圓滿的信心。

這一季是海神將我們從上一季的低迷谷底拉回重新建立信心的季節。

在果凍海活動的弗氏海豚。　攝影／廖鴻基

成真

廖鴻基

航前說明時，好幾次跟參與航班的朋友們說，這是個「夢想航班」。

工作船將帶我們到不曾到過的點，帶我們來到「夢想成真」的隔壁。這個位置上的任何發現，都有可能圓滿一場「流浪到人世邊緣」再加上「奇遇」融合成的奇異夢想。

七月九日航前說明時我跟將要一起出航的朋友們說，「今天的航程會是計畫航班開航以來最接近目標的一次。」

如此篤定的主要依據，是抹香鯨已連續五天在花蓮海域出沒。根據這天中午回來的賞鯨船分享上午的阿抹訊息，這群抹香鯨午後已經往東南外海快速離開花蓮海域。儘管如此，我依然樂觀，因為我們是五小時航程。無論是否自我安慰，或只是出航前對自己或是對參與航行的朋友們信心喊話，但航前說明最後，還是用了好像說給自己聽的細細聲補了一句：「但是，海洋無可預約。」

南風天，炎陽曝曬，天氣燠熱，出港後工作船往東、往南迂迴搜尋了一小時又四十五分，一無所獲。海洋無可預約的卑微心思隨海風、隨船邊浪，在我的心海蕩漾了起來，有點後悔航前說明時的過度樂觀。

與我一起在工作船三樓觀察台上，眼睛一直擠在望遠鏡裡的船員來仙，忽然，「啊！啊！啊！」一連串急促短音喊了出來。

「到底『啊』什麼啦？」心裡的不可靠終於有了這一聲依靠。

「噴風啦！十一點方位，噴風啦！」來仙還舉著望遠鏡，像是害怕望遠鏡一放下鎖定的目標就海市蜃樓般消失不見。

發現目標的振奮，以及因為距離遙遠會不會變成空歡喜和空幻的不安，相逆相衝的這兩個力道，讓整個觀察台因而震顫了一下。

落空太久了，這聲驚呼和震顫，如雷貫耳。

工作船調整航向昂起胸膛，往「噴風」目標邁進，舷邊浪聲敲出久違的進行曲節奏。期待的心這時悄悄滲入一絲擔心，像進行中的進行曲忽然卡住幾個音符，會不會當我們興沖沖抵達接觸位置，牠們舉尾深潛不再露臉？

最險最難的不都是抵達目標前的最後一小段嗎？

值得欣慰的是，發現目標的這個位置，遠離岸緣、遠離港口，一般賞鯨船確定到不了這裡，而我們至少還有兩個小時與目標獨處。

這些天來，抹香鯨頻繁出沒於花蓮海域，七月至今的十四天中，八天看見牠們。這紀錄，幾乎足以證實去年我們創辦「花蓮縣福爾摩沙協會」執行「π計畫」的構想基礎並不是假藉名目憑空想像。

台灣過去的捕鯨行為已將大翅鯨趕盡殺絕，重新發現抹香鯨並經由三年計畫來證實牠們的存在，會讓台灣社會有重新發現、重新看見海洋的契機。

老天善待，長期忽略海洋的島國，還能擁有抹香鯨這種海怪等級的「怪咪啊」，還擁有國際級分量的大型鯨。

兩點二十分，陽光熱烈，工作船接近到裸眼目視距離，發現目標周邊另外的好幾朵水霧，終於放下擔心，百分百確認，我們遇到的是一群八頭以上的抹香鯨家族。

直到四點二十四分牠們家族中一頭尾鰭缺刻滄桑的大傢伙在夕陽中舉尾下潛，工作船兩個多小時獨享這場太平洋抹香鯨盛宴。

兩個多小時相處期間，從警戒、觀察，到獲取信任並逐漸拉近距離，清楚感覺水與空氣、甲板與這群抹香鯨之間，有股暖流，上頭漂著仲夏花朵的香醇，在這兩個各自流動的空間充分對話。

四點零六分，陽光斜進西天雲朵，這場難得的相處將近尾聲，忽然一頭體型和體色判斷應該是青少年的抹香鯨，斜漂接近工作船邊，小於一公尺距離，像是來跟工作船比身長。這樣的接觸模式，已算是工作船與這群太平洋抹香鯨的零距離接觸。

無須歡呼，全船安靜感受夢想成真的這一刻。

兩個多小時相處期間，我們充分記錄了牠們的聲音、影像及這群太平洋抹香鯨的多種生態資料。

這趟之後，我們以飽滿的信心承諾，三年計畫累積，讓太平洋抹香鯨開展台灣向海新格局。

抹香鯨舉尾下潛。　攝影／藍振峰

嗨！阿抹

鄭欣宜

又去了趟花蓮，給自己一個看好看滿的行程，追了第三年終於在第四次五小時的航程裡如願見到抹香鯨。

我曾經在腦裡排練無數次初見抹香鯨的場景，但我也怕自己像「葉公」一樣，真的見到抹香鯨時卻驚慌失措。

「從前有個叫葉公的人，他非常喜歡龍，居室都雕著龍的圖案。天上的龍知道葉公愛龍成痴，於是親自下凡，來到葉公家裡，想讓葉公看看真龍的模樣。本來以為葉公看到真龍會十分高興，沒想到葉公居然嚇得魂飛魄散，臉色蒼白。這時大家才明白，葉公喜歡的是像龍卻非龍的假龍。」

船頭突然一個轉向，船上的遊客立馬提起精神，因為大家都感受到目標物就在前方，遠遠舉尾下潛的畫面為今天和阿抹相遇拉開了序幕。經過幾次等待、噴氣、前進、下潛，終於抹香鯨在船邊和我們一起平行緩慢前行。看著那傳說中四十五度的噴氣、那個方頭、那個身體皺摺、那像小山峰的背鰭都和我的想像差不多，但體型已超越我對動物的認知，除了很大，我想不到更好的形容。

等待的時間裡，暈船當然也必不可少，有一次在恍惚睜眼間發現牠就在我眼前，那個畫面有湛藍的海水、灰黑的阿抹還有船身的護欄。愣了幾秒才發現原來不是在夢裡。我是靜靜地在海上享受陽光混著海水灑在牠身上的閃亮。

天涯海角也有大海接住你。感謝大海就這麼接住我，讓我可以在陸地上繼續努力。

調適

林蕙姿

從小怕海，雖然會游泳，但僅止於游泳池。記憶中的旅遊，景點與海有關的屈指可數。第一次自行來海邊是跟同學約在旗津公園海邊。那天，望著撲過來的浪花，我下意識後退了好幾步，除了怕弄濕鞋子外，也怕自己一不小心被浪捲走。生長在島國，也生活在港都，但海離我很遠。

出發了，七月九日中午，終於搭上「π計畫」航班。航程五小時，對一個每次出海必暈的我而言，是個不小的挑戰。

暈船帶來的不適感，如鬼魅般如影隨形，常讓我在面對出海的決定時裹足不前。雖然明白，出了海就有機會遇到鯨豚，也會擁有Formosa的視角。更多時候，我是試著想要藉由航行經驗來調適自己易暈易吐的體質，希望能調整到海陸兩個世界任我來去自如的能力。

這次出海的勇氣，來自於台灣東部太平洋裡的抹香鯨。哇，台灣東部海域竟然有抹香鯨。這讓我鼓起勇氣，就算整段航程都抓著塑膠袋嘔吐，也要出海親身見證。於是鼓起勇氣挑戰五小時的計畫航班。

登船後除了穿救生衣，更重要的是抓兩個嘔吐袋放入左右褲袋裡。摸著鼓起的口袋，別的乘客是來接觸鯨豚，我好像是為了來消滅船上的嘔吐袋。船上除了一般乘客，還有執行計畫的海上工作人員——海幫手。

船隻一離開花蓮港，就筆直往外海開去，搜尋抹香鯨的蹤影。中央山脈隨著邁浪前行的船隻越來越遠。正午的陽光把海面照耀得金光閃閃，船隻賣力邁浪前行，隨著海浪起伏的節奏，搖搖晃晃的賞鯨船像只大搖籃，我努力地維持身體各項機能的平衡，遠眺四方，說服自己享受環繞周圍的海陸景致，不讓暈船主宰一切。海風吹拂下，沒多久一陣睡意襲來。

半睡半醒中，船隻的速度似乎慢了下來，隱約聽到解說員說：「十二點鐘方向！」根據過往搭乘賞鯨船的經驗，應該是發現鯨豚了。睜開眼，看到海幫手們急促奔走的身影。

「會不會是發現抹香鯨？」心頭亮了一下，但很快就把這念頭撲滅並嘲笑自己的野心。

廣播隨後響起，竟然真的是發現了抹香鯨。

哇！運氣真好，第一次嘗試五個小時的航班，就有了與抹香鯨接觸的機會。

我起身跟隨大家走到船頭，張大雙眼直視前方海面，引頸眺望，海面平靜無波，陽光閃爍依舊耀眼，不時聽到這裡、那裡的呼喊聲，但我什麼都沒看到。

隨船隻趨近目標，好一陣子後總算看到了。不遠處的海面上，一團水霧在海面上噴起，終於知道他們為什麼稱抹香鯨為「噴風」。

原以為我與抹香鯨只能相遇在圖片、在電視銀幕、或是在藝品店，沒想到現場Live，牠們就在船邊。

牠們靜靜停在左舷前方海面。船隻以幾乎沒有速度的狀態在海面上保持距離，大家屏氣凝神，與這對抹香鯨母子相望。有時候牠們游動，船隻悄悄跟上；有時候牠們舉尾下潛，船隻在海面耐心等待。有時候船隻發現一段距離外的另一朵噴氣，便喜新厭舊般添了速度趕了過去。

我們在這群抹香鯨家族散布的寬廣範圍中，來來回回，停停等等。船隻忙得像一隻在花叢中盤旋採蜜的蜜蜂。我差不多忘了必須暈船這件事。

廣播宣布，艉甲板海幫手伸下去的水下麥克風收錄到抹香鯨聲音。大家依序排隊，戴上耳機輪流聆聽。我聽見耳機裡傳來喀喀喀的聲音，原來這就是抹香鯨的聲音啊，牠們在說什麼呢？牠們想表達什麼呢？

船隻左前方是一對抹香鯨母子。想看得更清楚，我回到船頭，站上去船尖高起的平台上。萬萬沒想到，年輕、身形較小的那隻抹香鯨，掉過頭來從船尾貼著船邊側身游向船頭，並在船頭位置抬頭將頭顱露出水面，然後側身斜過船尖潛下海面。哇，整個過程就在我身邊的海面展開。而且頭顱露出的過程中，牠用大又圓滾的眼睛看著我啊。

原本靜默無聲的前甲板，裂開的鞭炮一樣，發出一連串「啊……啊……啊……」的驚嘆聲。

台灣這座島嶼，也許在世界地圖上不太起眼，但在歷史航海圖上不曾消失過。我想，這座島嶼也一直在太平洋抹香鯨群的航海圖上。

晚霞中返航，我腦海裡揮之不去的是抹香鯨那顆像是在對我打招呼的大眼睛，牠溫和的眼神，主動趨近船邊的行為，似乎是在邀請害怕暈船的我，要常常來海上看牠們。

下船後，立刻又報名了八月的「π計畫」航班。勇往直前的念頭若是大過於對暈船的擔憂，覺得自己在「海陸兩個世界來去自如的能力上」在抹香鯨的幫忙下，終於跨出了重要的一步。

與抹香鯨溫柔對視。　攝影 / 藍振峰

胃口

玉茹

以前學生時代認為賞鯨船是高級的享受，也覺得搭船出海看海上生物好像有點無聊，直到多年後第一次搭賞鯨船出海，看到海水如此清澈，看到海豚就在船邊，這些景像讓人又驚奇又震撼。於是連續參與了幾趟幼幼班航程後，發現自己的海洋胃口越來越不容易滿足。

當我看到多羅滿的五小時大海中尋找抹香鯨的航班，對我而言，就像是追星一樣。過去只會在圖片或電視上看到的大型海洋生物，可能親自看到牠在我面前噴出大水柱嗎？

要先跟一個六歲、一個十二歲的小男生洗腦，才可能一起去追夢。當媽媽的我先和孩子們解釋，我們要搭的船班是個計畫航程，不是單純的賞鯨船，我們跟著計畫執行人員，去大海尋找抹香鯨和其牠鯨豚。

終於成行，航行過程中，我們有機會聽到即時收錄的鯨豚聲音，還有工作人員收集到的海洋情報。孩子們很期待，感覺自己像研究人員一樣，一起去探險。我們站在船頭吹著海風，看著船浪，以及跟其它船隻接近時承受的船尾浪，那個感覺像是自己快飛出去了，另外，讓我們很興奮的是不時有浪花打在我們身上。

兩個孩子完全忘記，可能會有暈船的問題，從出海開始，享受著海風和船跟海碰撞出的浪花，幻想著跟鯨豚們的相遇。我們很清楚，今天的航班會遇到誰真的不知道，只能像追求偶像明星一樣，去看看我們有沒有辦法看到海裡的巨大生物，牠們會不會跟我們想像的一樣？

先遇到了弗氏海豚，然後瓶鼻海豚和花紋海豚，老實說真的不過癮，因為從兩小時初級班，到五小時進階班，我們想要的更多。

這趟最大收穫是看到了海豚媽媽帶著寶寶一起行動，我的孩子發現，不管任何狀況，媽媽都不會把小孩丟棄，孩子也發現，海豚寶寶和自己一樣頑皮愛表現，雖然轉圈還沒有很厲害，也會一直練習、一直練習。

五小時航班也讓我們發現，遠遠離岸的地方，會看到很藍很藍的果凍海，當壯壯的瓶鼻海豚在果凍海中穿梭和跳水，這畫面留給孩子很好的印象。雖然這趟航程沒遇到抹香鯨，但是海上的景色，讓孩子印象深刻。

然而，每次航程中不免看到漂在海面的海漂廢棄物。這些垃圾漂在空曠的海面上實在非常刺眼，我跟孩子們說，這些都是我們人類製造出來的，但海洋生物有可能誤食而生病甚至死亡。我們曾在自然科學博物館看到的海洋廢棄物，如今真實出現在我們眼前，這對孩子們是一種衝擊，是另一種更直接的教學，讓孩子清楚知道，人類隨意丟棄垃圾造成的生態危機。

我們享受這趟行程，也享受解說老師的專業解說。海岸山脈一路陪伴，山頭的雲朵隨夕照多端變化，感覺像是慢活行程，在海上沒有目標的自由漂動，感覺是一趟自我放鬆的機會，得到生命的平靜，忘了生活的瑣碎。

海洋是個挖不完的寶藏，親愛的抹香鯨，相信有一天我們會在另一個航程中相遇。

在船頭吹著海風。　攝影 / 玉茹

初遇

沙珮琦

「π計畫」轉眼來到了第三季，出海這件事似乎逐漸成了一種習慣，或是一種計算日期的方式，「再工作兩週就可以去花蓮了」、「下禮拜就可以出海囉」……總會在心中偷偷這樣數著，或是悄悄盯著行事曆等待著航行的日子到來。

還記得加入計畫初期，便聽夥伴們如數家珍地提到抹香鯨具有洄游特性，會在夏季時隨著黑潮北上，而今隨著夏季海況平穩期間，不斷有目擊回報傳來，不禁在心底殷殷期盼，希望能親眼看到抹香鯨「大爆發」的盛況。

出航不到一小時，賞鯨友船分享目擊訊息，這次發現的地點竟然在沿岸海域。

這訊息像一股引力，拉著我們工作船從外海直直朝岸緣目標前進。來到發現地點，遠遠看見已有兩艘賞鯨船陪著抹香鯨，船長決定一段距離外停留，不再往前靠近，避免過分打擾。

我們在工作船上遙望抹香鯨在水面換了幾次氣後，便舉尾下潛消失蹤跡。兩艘賞鯨船也因為時間壓力而匆匆離去。抹香鯨素有「潛水高手」的稱號，一來是因為可以在短時間內迅速下潛，二來是因為可以長時間待在水下。深潛後想看到牠再次浮出，對於短時間的賞鯨航班來說，實在過於奢侈。

「沒關係，我們就等等吧。」從容而溫柔的廣播聲傳來，讓我們宛若吞下一粒定心丸，整艘船夥伴都安靜下來默默等待。耳邊不時傳來碎浪輕輕拍打船身的聲音，舉目望去一片湛藍，潛下去的阿抹會在哪裡出現？會如何出現？會多久出現？

沒有人知道。沒關係，如廣播說的，我們時間充足，就等等吧。

大約二十分鐘後，笑容浮現在每個人的臉上。

戲棚下等戲，這次輪到我們。

工作船悄悄接近，而後怠速，霎那間，天地僅剩下抹香鯨規律的吐息。不同於一般鯨豚，抹香鯨的噴氣孔位於頭頂左前方，這個特徵在許多文獻資料中曾經提過，但書上沒提到的是，牠們換氣時會露出寬廣的軀幹，讓我們有機會將牠好好看清楚。

書上也沒有提到，原來抹香鯨會願意如此靠近船隻，近到牠彷彿就在你耳畔呼吸。

又或者是，對於安靜的船隻牠是那樣沒有戒心，悠然從船下而過，然後靜靜停在船隻旁邊，像是在等待我們與牠一起前行。

當牠穿行而過的時刻，有了船隻身長作為比例尺，我方能切切實實感受到牠是多麼的巨大。

不遇海洋，不知其之遼闊；未見鯨豚，不知己之渺小。老實說，書上沒說到的事可真是太多太多了。

最後再分享一件事，原來，社群軟體上各種漂亮的阿抹尾鰭照，其實都是牠們深潛的道別。抹香鯨浮出水面常是為了換氣，逗留時間每次不等，一旦做好準備，便會往下深潛。下潛時，牠們會露出漂亮的尾鰭。這種「舉尾下潛」的習慣，造就了無數美麗的照片，但直到真正身在海上的那一刻，我才了解到，見到尾鰭，便是準備說再見的時候了。於是，開心中藏著一絲不捨，不捨中又藏著一絲期待。

迎來生平第一次屬於我自己的抹香鯨初遇，我知道這只是個開始。相信未來我們仍會有無數次相遇的機會。或許，我也會對牠們的習性越來越熟悉。我將倒數著重遇的時刻，在心裡告訴自己：等做完了日常的瑣事，就出發去花蓮吧！

向船頭游過來的抹香鯨。　攝影／藍振峰

近岸

廖鴻基

這是幸運的一天，七月十六日下午整整三個鐘頭工作船與抹香鯨相處。

牠們近岸出現在立霧溪口到三棧溪口海域，還幾次游進七星潭海灣裡。過去相遇，牠們通常離岸五浬外，罕見在如此近岸海域出沒。

三十年前還在沿海漁船上捕魚時，曾在這海域捕過被稱為地震魚的深海皇帶魚、深海紅目鰱、深海烏鰺……知道這段海域有深邃的海溝。

抹香鯨游進海灣裡，是我在這片海域經驗中的第二次。這天下午，當牠們接近船邊，我心中很想問牠們：「因為海溝裡的食物？或是前來探查新領域？」

若是知道答案，也許我們可以為牠們多留一些誘因，如果我們期待牠們常來，或是期望牠們把這海域當成牠們的家。

不少朋友說我太浪漫，當然明白朋友「不切實際」的指正，但我親眼見證過去浪漫推行的海洋計畫，幾乎一樣樣都實質改變了台灣社會的海洋意識或豐富了我們的海洋內涵。

我又想，若能進一步證實抹香鯨為台灣東部海域穩定出沒的厝邊隔壁，這種國際格局的大型鯨或能促成海洋台灣被國際社會多一些認同。

無數次在這片海域進出，不曾拍過搭配抹香鯨身影的太魯閣口和奇萊鼻。告訴自己，就繼續進行水字邊的海洋浪漫吧，我相信，大海的浪漫足以改變人世社會中的過度現實。

抹香鯨噴氣透過陽光折射而形成的彩虹。　攝影／廖鴻基

賞鯨船探索太平洋抹香鯨與建置台灣東部海域海洋鯨豚聲紋資料庫

張順雄、溫在昇

台灣賞鯨活動首航於一九九七年，二十年來花蓮海域賞鯨船尋巡範圍大約在離岸五浬內。但二〇一八年後，花蓮賞鯨船擴展尋巡範圍至離岸十五浬，屬於深洋大海性迴游鯨種抹香鯨的目擊率顯著提升。根據花蓮多羅滿賞鯨船隊的資料，花蓮海域除了沿海常發現的五種鯨豚，飛旋海豚、花紋海豚、熱帶斑海豚、弗氏海豚及瓶鼻海豚外，抹香鯨在二〇二〇年的發現率為三．一九%，但在二〇二二年的抹香鯨發現率飆升至六．二一%，為全年鯨豚發現率的第五名。

過往台灣較少針對東部太平洋的迴游性抹香鯨進行研究，因此花蓮縣福爾摩沙協會組織志工團隊海幫手，從二〇二三年起開啟為期三年的「拜訪太平洋抹香鯨π計畫」。展開抹香鯨的相片蒐集、GPS定位及水下錄音等海上生態調查記錄工作。根據過往文獻記載所做的尾鰭缺刻個體辨識，證實近年來至少有十多頭抹香鯨反覆出現在花蓮海域。抹香鯨成體身長達二十公尺，體重五萬公斤，是西太平洋海域比較穩定出現的大型鯨。從各方紀錄分析，有好幾群太平洋抹香鯨以台灣太平洋海域為其巡游場域。因此，以「拜訪太平洋抹香鯨π計畫」出發，進一步證實這幾群太平洋抹香鯨的存在，並透過多元探查及相關生態研究來建立台灣東部海域海洋鯨豚聲紋資料庫。花蓮縣福爾摩沙協會希望以積極進取的海洋精神來推廣海洋環境保育、海洋文化教育及台灣公民科學家的理念。

花蓮縣福爾摩沙協會的「拜訪太平洋抹香鯨π計畫」與花蓮多羅滿賞鯨船隊合作，應用被動式聲學拖曳型監測系統，錄製花蓮海域抹香鯨以及海洋鯨豚的聲音，並建置台灣東部海域海洋鯨豚聲紋資料庫（ASACTER database）。依多羅滿賞鯨公司二〇二〇至二〇二三年的鯨豚調查統計顯示，累計超過一千兩百筆航次的鯨豚目擊觀察紀錄中，發現鯨豚的機率平均超過九成，其中以飛旋海豚及花紋海豚發現率最高，目擊率約占所有目擊物種總量的八十%以上。這些鯨豚出現的目擊熱區都可能與其活動的水域深度、棲息環境及氣候有關。而體型較大且曾經瀕危的抹香鯨，也是我們這次「π計畫」最關注的鯨豚物種。二〇二三年六月開始發現有數隻抹香鯨多次造訪花蓮東部海域，其中還包含了抹香鯨家族（母子對），非常振奮我們持續研究台灣東部寶貴海洋生物的熱忱。

台灣以二到十月為最佳賞鯨季節，「拜訪太平洋抹香鯨π計畫」每次出海航程以長時間五到六小時的航班為主。為了增加目擊鯨豚的次數，並提高收錄有效音檔的機率，年目標為一百八十小時。搭乘賞鯨船出海，由專業的海洋調查員搜尋鯨豚，當遇到鯨豚群體時，海幫手志工立刻使用GPS定位並記錄目擊鯨豚之位置以及當時行為的模式。同時由船長依當時的船隻位置、海上波浪、鯨豚走向以及賞鯨客人狀況等，決定是否停船（關引

於二〇二三年七月九日，位於座標（121° 46'01.66"E, 23° 47'18.60"N）海域觀察到三對母子抹香鯨。牠們舉起尾巴，潛入水下，排出水以換取新鮮的氧氣，並在水下發出清晰而悅耳的聲音。這一現象是由黑潮帶來的急流和清澈的海流所啟動，也正是這條洋流使得這群大型鯨豚每年都能出現在這個地區。　攝影／張順雄

擎）以降低船隻噪音提高錄音訊號品質，才能進行水下錄音作業，而且全程必須以友善賞鯨的作業模式為最高指導原則。

執行海上鯨豚聲音實地錄製，每次配置兩名海幫手志工出海作業，其中一名負責被動式聲學拖曳型監測系統設備於船上的硬體安裝及調整，同時也是海上作業時與賞鯨船（船長）的主要溝通窗口。另一位則負責錄音設備的操作，控制整個錄製音檔的過程，並確認成功收錄儲存鯨豚聲音的原始音檔。

在本計畫採用被動式聲學拖曳型監測系統，所謂拖曳型水下錄音是指將錄音設備連接到船舶上，然後拖曳至海洋中收集聲音資料。將水下麥克風從賞鯨船隻後方拖曳，距離水下深度約五到十公尺，同時研究人員使用耳機監聽，對於水下傳來的聲音做即時的判斷及處理。系統設備主要包含水下麥克風、錄音紀錄器以及其它附屬配件等。這些水下麥克風被拖曳在水中，並記錄下當時海洋環境中的所有聲音，錄製成原始音檔（wav）並儲存於錄音設備的記憶卡中。上岸後針對原始音檔進行音檔預處理取得取樣訊號，再將取樣訊號經過時頻分析後，歸檔儲存為鯨豚聲紋資料庫的有效音檔。

台灣東部海域海洋鯨豚聲紋資料庫根據出海航班日期及物種來分類，聲紋資料庫內容由原始音檔延伸出 GPS 軌跡檔、有效音檔、時間頻譜圖等檔案。

截至二〇二三年七月經過兩季度的工作期間，總共進行了十五次七十五小時的航行，觀測到二十一種不同的鯨豚物種。資料庫中有效音檔二十四個，其中包含了四種不同的物種，總秒數達四百七十七秒。

所建置的資料庫包括每個有效音檔，航行日期、目擊物種和聲音模式等，未來我們將持續進行海上錄音工作，不斷擴充原始及有效音檔的數量和秒數。同時，我們也將運用多種不同的時頻分析和深度學習訊號處理方法，提升各種物種有效音檔的特徵擷取能力，進一步改善訊號偵測和聲音類型分類技術。

這項研究計畫成功地利用被動聲學拖曳監測系統，建置台灣東部太平洋海域鯨豚聲紋資料庫，特別關注抹香鯨在內的各種鯨豚物種。目前，台灣東部海域鯨豚聲紋資料庫提供了分享鯨豚聲音、頻譜圖和其它相關數據，這些資訊已經上傳到全球數據共享平台 figshare（請見左頁 QR code）。這個資料庫為全球海洋研究提供了寶貴的資源，科學家們可以使用這個資料庫中的原始及有效音檔，不斷改進聲音訊號處理領域的訊號降噪、偵測和分類技術。

這一努力有助於更深入地了解太平洋地區鯨豚的生態、族群和行為。同時在海洋保護、公民科學和海洋文化教育方面產生積極影響，促進對台灣社會中海洋生態系統及其環境保護的積極態度。我們將堅持擴大資料庫、改進訊號處理技術，實現更全面的鯨豚物種分類，為未來的研究和保育工作提供更強大的支持。

全球數據共享平台 figshare

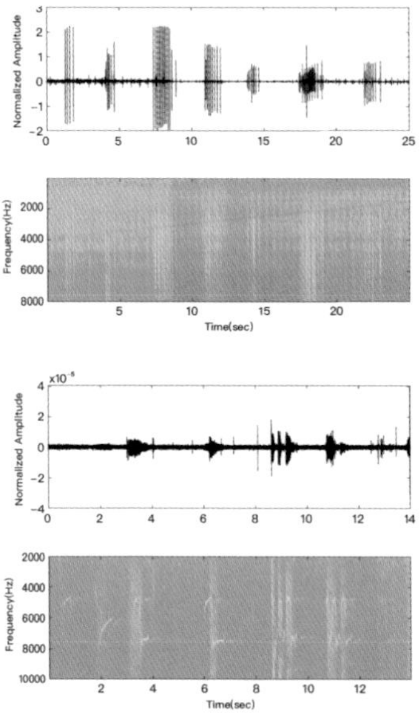

時頻分布函數

上：出海航班日期：二〇二三年七月九日，目擊物種：抹香鯨。

下：出海航班日期：二〇二三年二月十九日，目擊物種：偽虎鯨。

海豚的一天

江文婷

八月二十三日，天氣晴朗，海相平穩。作為海幫手，我今日在船上的工作是協助GPS定位及資料記錄。儘管已有幾次出海經驗，當我再次踏上船隻，感受陣陣海浪的拍打，心中仍是百感交集。

今天能見到阿抹嗎？希望別暈船才好……期待與忐忑交織相雜，一同湧上心頭。船隻離港，標定輸入，六小時的航班隨即拉開序幕。屬於陸地生物的我們，攜載著滿心的期盼和希望，扣敲大海和抹香鯨的家門。然而，抹香鯨是海洋哺乳動物又是潛水高手，要讓牠來應門，只有拜訪的誠意恐怕不夠，還要很多很多的好運氣。

果然很快發現了花式跳水高手飛旋海豚。

海水在晴朗陽光的照射下透明清晰，我愣愣地看著牠們姿意遨遊於水中的身影，逐漸靠近海平面後蓄力一躍，立即立著身子在陽光中飛旋盤轉，時間彷彿被按了暫停鍵後瞬間停止，飛旋的身影懸凝在半空，懸凝在我心頭。耳邊忽然傳來海平面被撞破的聲響，才及時反應過來，牠早已落下海面激起一沱炸開來的水花。還來不及想到如何處理心中精彩中忽然落幕的失落感，另一隻飛旋海豚馬上接手躍起，一落一起兩種情緒衝突下，驚得我一時合不攏嘴。

水下錄音的工具已準備妥當，船隻引擎熄火後，收音麥克風投入海中，我隨即標定輸入：錄音〇〇二開始。

失去引擎自主動力後，船隻隨海上湧浪起伏，少了引擎噪響，拍打船身的浪聲像是切換頻道般不絕於耳，才意識到空曠海面原來如此安靜、純粹。也許是因為沒有動力的船隻了無生氣，讓飛旋海豚失去了船邊乘浪的樂趣，逐漸離我們遠去。水下收音的音量也逐漸式微，夥伴們收起收音工具，我隨即標定輸入錄音結束。

船長發動引擎，再次勾起飛旋海豚的興趣，再次過來與船隻一陣熱情互動後，因為船長又發現其牠鯨豚線索，我們才喜新厭舊負心似地捨這群飛旋離去。

接著是弗氏海豚、熱帶斑海豚和花紋海豚。工作船上驚呼聲和快門聲不絕於耳。

真是個「海豚的一天」，算不算好運，相信每個人會有不同解讀。

海鳥

藍振峰

花蓮賞鯨航程一般為二小時，計畫航程為五、六小時以上，目標雖以鯨豚為主，但偶爾也會有其牠海洋生物來船邊湊熱鬧，剛好填補長久等待的空白。特別是海鳥。

台灣野鳥種類約有八十七科六百七十四種。以其生活環境可約略分類為陸鳥及水鳥，而水鳥中依賴海洋環境生存的鳥類，廣義來說就是海鳥。

賞鯨活動因考慮遊客的舒適度，旺季通常為風浪較為平穩的六至九月，「π計畫」為長時間記錄花蓮海域出沒的鯨豚，一年四季都排了航班，五、六小時的航程常行駛到一般賞鯨行程較難到達的外海，因此也記錄了一般賞鯨比較不容易看到的海鳥。

花蓮海域較常出現的海鳥如下：

穴鳥：因築巢時會挑選小島上的洞穴，因此得名。飛行幾乎貼近海面，翼面淡色覆羽形成弦月般弧狀翼帶為其重要特徵。通常單獨行動，偶見有大隻死魚時會集體分食。主食為魚類、烏賊。

大水薙鳥：大洋型海鳥，通常活動於外海，外海若風浪較大時也會近岸躲避。飛行姿態與穴鳥相近，喜歡貼近海平面飛行，但本種會以固定頻率翻飛並露出白色腹面，遠距離觀察時可依此與穴鳥作區別。通常單獨行動，偶有大群魚類浮現時會群聚搶食。主食為魚類、烏賊。

白腹鰹鳥：大洋型海鳥，通常活動於外海，航程離岸夠遠，就有機會見到。外海風浪大時也會近岸躲避。飛行時離海平面較高，喜歡圍繞船隻飛行，伺機捕食被船隻驚嚇破水衝出的小魚。身體以咖啡色為主要顏色，翼下覆羽及腹部為白色，以此為辨識特徵。主食為魚類、烏賊。

左：白腹鰹鳥；中：大水薙鳥；右：穴鳥。　攝影／藍振峰

其牠偶見的海鳥如下：黑腳信天翁、短尾信天翁、藍臉鰹鳥、紅腳鰹鳥。

另有一群依照季節變化，南來北往來到台灣覓食、繁殖或只是路過短暫休息的鳥類，我們稱之為候鳥，依出現季節可分為夏候鳥、冬候鳥及過境鳥。

夏候鳥通常於每年四月到達花蓮，選擇溪口的沙洲或礫灘地進行繁殖。七月到九月後帶著下一代往南飛行至原棲地。鳥種的代表為小燕鷗；鳳頭燕鷗數量較少。賞鯨航程常見小燕鷗活動於潮界線定點振翅懸停，確認位置後俯衝捕捉小魚，然後飛往陸地方向，回到巢位育雛鳥。也常見搶奪同種鳥類嘴上食物的有趣行為。

左：紅腳鰹鳥；右上：黑腳信天翁；右下：藍臉鰹鳥。　攝影／藍振峰

小燕鷗與鳳頭燕鷗的分辨方法：

一、小燕鷗體型較小。

二、小燕鷗的嘴先為黑色。

三、小燕鷗喜歡低頭飛行尋找食物。

通常中秋節，國曆九月前後，東北季風漸起時，冬候鳥就會成群往南飛行，選擇適合的環境覓食渡冬，隔年四月左右再往北飛回原本的棲息地，此時花東縱谷的稻田正值收割後休耕的季節，就成為這群北方來的嬌客最佳選擇。秋天的調查航班有機會遇上這些風塵僕僕，急著找地方休息、停留南下的鳥類；春天則是整裝待發要回到北方的鳥類。

然而秋天南下的鳥類多是亞成鳥或

左：鳳頭燕鷗；右：小燕鷗。　攝影／藍振峰

是未有繁殖羽的成鳥，偶在海上遇到時也增加辨識的困難度。春天北返時部分鳥類已有繁殖羽，辨識上就會容易一些。常見的候鳥為鷺科及鷸鴴科的水鳥。

南來北往遷移過程中，選擇停留、覓食、躲避不良天氣而短暫出現的鳥類稱為過境鳥。工作船常遇的過境鳥有：紅領瓣足鷸、蒙古鴴。

計畫雖以鯨豚為主，但偶爾出現在工作船邊的這些小插曲，可增加海上計畫的豐富度，增加遊客的樂趣，更可能為海鳥留下難得的紀錄。

左上：高蹺鴴（鷸鴴科）；右上：黃頭鷺；左下：紅領瓣足鷸；右下：蒙古鴴。　攝影 / 藍振峰

迫降在工作船上的鴿子。　攝影／廖鴻基

來看我嗎？

廖鴻基

六月十日航班。

遠看以為是鯨背，靠近一看，原來是站在漂流木上休息的一隻白腹鰹鳥。

「咦，來看我嗎？」牠的眼神和表情這麼說。

「來看你淡黃帶點青色好看的一雙寬蹼蛙鞋。」工作船又說：「不、不、不，來看你戴著歌劇魅影好看的面罩。」

工作船離岸較遠，外海常遇「白腹鰹鳥」。這種鳥身高達七十公分，英文俗稱Brown Booby，我們討海人稱牠「飛烏鳥」，專門修理飛魚（飛烏）的意思。飛魚多的季節，牠們會跟在船隻上空盤旋，等待飛魚受船行犁浪驚嚇飛出海面，牠們便會從船隻上空斜翅低空逆襲。飛魚不多時，牠只會飛過來看一下，發現沒魚可趁便迅速離開。行動都寫在牠們有趣的肢體語言和像是戴著眼罩的表情。

今天還遇到一隻罕見的藍臉鰹鳥，相機才舉起來，牠已離船一段距離。幸好藍老師是鳥人，一眼說出牠罕見的名字。

三個多小時搜尋，工作船來到水璉外海。二樓甲板忽然傳出小朋友的歡呼聲，打破了長時一無所獲的沉悶。

回頭一看，不是鯨豚，是兩隻鴿子試圖迫降在二樓遮陽棚上。

船行搖晃加上氣流不穩吧，牠們在船隻上空一再盤旋，努力了好一陣子才找到迫降的角度。

工作船自此成了海上戰鬥機迫降的航空母艦，不曉得哪來的鴿子，三五成群，紛紛飛來工作船上空嘗試迫降。

船員給迫降成功的鴿子喝水（加油），最多時有二十幾隻，有些休息一下又飛走了，有些賴著不走，一直到航程結束隨工作船回到花蓮港。

夥伴們開玩笑說，應該跟牠們收船票，「半途才來，半價就好。」

來自深海

廖鴻基

海盆地型，海床深邃，深冷不見天日幾近無明的海溝底，近些年來隨人類深海探測能力的精進，越來越多的深海生物被發現。

這些深海生物中，最不可思議的是必要浮到水面換氣的深潛型鯨種。儘管演化奇蹟讓這種海洋哺乳動物具備長時間憋氣及抗水壓的生理構造，但無論如何終究還是得讓鼻孔露出在空氣裡才能換氣。

這種深潛型哺乳動物，是否每次深潛都得考量自己和水面的距離？為何選擇這種浮浮潛潛讓水壓、水溫、光度在短時間中劇烈變化的生活方式？演化雖然沒有答案，但還是好奇，選擇深海可是逆向思考？或是因為食物？是因為避敵？還是為了冰冷的水溫和無明寂靜的空間？

「π 計畫」航程離岸較遠，船下水深往往千公尺為單位，除了抹香鯨，好幾次遇到被形容為個性孤僻害羞的喙鯨、侏儒抹香鯨或小抹香鯨。

有些喙鯨體型較大，遇見時船上會出現驚呼。遇見的若是其牠兩種擁有好聽名字，抹香鯨科中的侏儒抹香鯨或小抹香鯨時，通常是遇見等於沒遇見。這幾種來自深海的鯨豚，工作船即使謹慎到像一隻悄悄接近獵物的貓科動物，牠們仍然敏感得像受過傷害或心裡有陰影的動物，牠們的下潛完全沒有預示動作、沒有離開徵兆、沒有拱背舉尾、甚至沒留下水紋，彷彿原本就不存在，沒有痕跡地忽然憑空消失在海面上。牠們的身影只願意讓望遠鏡或千里眼看見。

「π航班」的紅利之一，就是偶爾會遇到這些來自深海的海怪們，可能熟睡、可能夢遊、可能心情大好，那麼違反本性地給了工作船近距離觀看的機會。

遇過幾次柯氏喙鯨，七公尺，三千公斤，終於看清楚牠們棕紅體色以及身上白色方塊斑點，看見牠們雄鯨長在凸出下顎頂端海怪等級的獠牙。

在果凍海狀況下遇過銀杏齒喙鯨在工作船邊停留。牠們身長約五公尺，體重不明，被鯨豚研究者認為是罕為人知且資料極少的物種。因為牠們成年雄鯨下顎兩側會長出兩顆形似銀杏葉子的牙齒而得名。

還遇到過意外讓我們接近的侏儒抹香鯨，二．七公尺，二百七十公斤，過去對這種神祕小海怪的印象都來自擱淺照片或圖鑑，這回因為計畫，終得看清楚牠們的廬山真面目。

「π計畫」，讓我們看見更廣，也看得更深。

難得讓船隻接近的侏儒抹香鯨。 攝影／廖鴻基

上：柯氏喙鯨身上的方形白斑；下：下喙兩顆牙海怪等級的柯氏喙鯨。　攝影／廖鴻基

緣分

張家霈

有時就是會莫名其妙忽然喜歡一件事，也記不清是什麼時候開始愛上了鯨豚。瘋狂的時候，看到有關鯨豚的商品，都會買回來收藏，也會去看牠們為主題的報導或電影。

從小常跟著媽媽出門旅遊，記憶中大都是往山上跑，對海的刻板印象是神祕又危險，沒想到剛滿半百的我，居然有契機接觸海洋。應該是大學的時候，接觸了《鯨生鯨世》這本書，那時還不認識作者，單純只因為書名有兩個鯨字。等到來屏東工作後，墾丁的海生館引進了三隻白鯨，我便幾乎每隔幾個月就會跑去看牠們一趟；偶爾也會跑去花蓮海洋公園看海豚表演。那時不曾聽說過賞鯨活動，更沒想過會有那麼一天，自己能站在船上，來到現場擁抱大海和鯨豚。

二〇二一年四月，看了《男人與他的海》這部電影，後來「永勝五號」還邀請了廖老師與黃嘉俊導演來推廣電影。同年五月十六日，也是疫情升級的前一天，我第一次踏上台東賞鯨船出海，滿懷期待，結果兩小時航程中沒看見鯨豚，只遇到一隻小鯨鯊。儘管如此，並未削減我出海看鯨豚的興致。

兩個月後，就在花蓮登上了五小時的計畫船班。那次航程，收穫滿滿，不但看到了整片海的弗氏海豚，更看到了一對母子抹香鯨以及一群喙鯨，內心的感動與激動真的是無法言喻。

回來後，開始密切追蹤多羅滿賞鯨的臉書以及蒐集相關報導。有了一次豐富的經驗，兩年內我陸續又參與了一次五小時以及三次兩小時的船班。每次出海都有不同的收穫與感動。

人與鯨的相遇，似乎不是偶然而是必然，感謝老天爺賜給我不會暈船的體質，讓我有機會讚嘆大自然賜給我們如此美麗的海洋生物。

露臉

蕭銘富

約莫今年五月，無意中在網路上看見「π計畫」，從來沒在海上看過大型鯨，於是報名參加。當然，擔心去了一趟五小時什麼都沒看見，也擔心在海上五小時會不會暈船，為了想親眼目睹「阿抹」，還是決定七、八、九月各報名一個航班，增加發現機會。

七月九日第一趟參與，半小時的行前說明中，得知這是由一群可愛的志工發起的三年計畫，而且不為研究論文、不為謀利，只是希望能證明台灣海域有抹香鯨群來去，讓世界若是提起抹香鯨就能想到台灣。而我們遊客的參與也算是協助工作船船租支持這項計畫，讓我頓時覺得這次的行程也有了不一樣的意義。

出海約一小時後傳來捷報，我睜大眼睛搜索，終於看見前方水面有水霧噴出的現象。

現場看見抹香鯨，除了驚艷，更多的是感動，牠們不是被豢養被囚禁，而是自由自在地徜徉在廣闊大海中。

抹香鯨沒什麼大動作，浮出海面大多是靜悄悄地換氣，想看見全貌不太容易。不料有隻阿抹突然游過船下，我們瞬間被其體型及動作震撼到，船長說這是抹香鯨與工作船近距離互動難得的畫面。

就這樣，我們接觸了一批又一批阿抹，牠們也用大大的尾鰭跟我們道別，大家帶著笑容滿載而歸。

八月六日，因上一次不錯的體驗，這次特別帶家人一起參加，但此次出海就沒上次的好運氣，整趟下來，只有在開始時發現弗式海豚，後來就一直在海上空白搜尋。但弗式海豚的集體快速游動，還是讓大家快門按個不停。就在大家關注弗式海豚時，眼尖的研究人員發現不遠處有兩隻喙鯨悄悄浮在水面，像是偷偷在觀察我們。可惜當我們稍微靠近些，牠們就害羞地下潛了，無法一睹其真面目。

九月十七日，這次發現的是飛旋海豚，出航沒多久就遇見了。接觸一陣子後，工作船開往外海尋找阿抹。事與願違，許久都沒有發現蹤跡。或許是老天爺看見大家的辛苦，返航途中，讓我們遇到了三隻喙鯨，也是這趟行程最精彩的收穫。

這三隻銀杏齒中喙鯨，一直在船邊遊玩，時而浮出，時而下潛，還有抬頭露出罕見的臉龐，甚至還跳出水面翻身，簡直是打破喙鯨一向害羞的傳統。大家驚呼連連，相機更是拍個不停。其中我拍到的露臉照，被老師讚許為鯨豚照片的珍品，由此來看，這趟航班真是走大運了。

台灣是個島國，但我們對周圍海域瞭解不多，陸地和海洋都是我們的生活領域，不應自我設限。

參與計畫航行，有期待、有歡喜，也有落空，我會轉化落空失望的心情為耐心等候下一次相逢的期待。將這些鯨豚當成我們海洋家園的鄰居，從接觸、認識到珍惜。

銀杏齒中喙鯨。 攝影／蕭終宣

雪泥行

廖鴻基

年尾這一季，上一季直曬的陽光已經遠離，空中風級增加，浪況一天天惡劣。執行計畫不能挑，還是得一年四季都安排航班。

中秋過後，北風下來，天候海況再次回到無可捉摸的狀態。好處是賞鯨人數驟減，比較能安排長時間航班，壞處是鋒面一波強過一波，越接近年底，理想的出航日越少。於是跟時間賽跑安排了一趟十二小時的「雪泥航程」。

「雪泥」（相似音）是討海人對「π」南端轉角海域的稱呼，是台灣東南海域的大漁場，黑潮在這裡因海底地形激起強勁的湧升流，讓這海域盛產旗魚、鮪魚、鬼頭刀等大洋巡游魚類，也是呂宋火山島弧接觸台灣陸地的位置，岸上相對位置大約在台東縣東河鄉馬武溪河口外海。朋友笑說，「Google Map 查不到這地名。」

出航日前十天，開始密切注意鋒面消息，直到前四天的預報都還是不差的海況，誰料到前一日，終於才確定出航日有波微弱鋒面通過。岸上的體感也許是颳了些風涼了點，海上可是兩公尺基本浪高北風浪加上綿綿陣雨。越來越沒有出航的天氣，因此還是硬著頭皮決定出發。

黑潮流域，主流由南往北，風向、流向相抵衝，外海風強浪高，去程工作船只好依著岸邊的沿岸流南下，心中撥打如意算盤，去程六小時也許鋒面恰好通過，回程就可以搭離岸一段距離外的黑潮返程。

沿岸流順風順流，但鯨豚發現率非常低，天氣狀態下的無奈選擇。只好將遭遇鯨豚的希望寄託在回程。人算果然不如天算，去程一路風雨尾隨，回程浪花強風一路撲襲，工作船還是被壓迫在沿岸流邊緣航行。時間長，航程不再是體驗而是考驗。

全程收穫僅有：三群海豚、一條白肉旗魚、台東海域近距離觀察鏢船作業、完成十二小時航行紀錄、終於航抵π南端「雪泥」。

抵達雪泥時，看電子海圖標示船下水深一百四十七公尺，船下地形由深驟淺，很明顯的一座海底火山山脊，若不是海況惡劣，順著這一串海底火山山脊東南東航向往外，也就是沿著台灣π的南邊這隻腳往外航行到綠島、蘭嶼。這是「π計畫」中難度較高的一段航程，但這天的海況並不允許。

算是初探，特別感謝一起出航的朋友們，我們經過大風大浪過程辛苦，但我們還是冒著風浪抵達傳說中的「雪泥」。

雪泥行途中遇到的鏢魚船。　攝影／廖鴻基

東澳鼻

廖鴻基

十月底，北風飄飄，雖然還不是強烈冷高壓，但已招惹往北湍流的黑潮不安的情緒。海況已不適合遠航，但為了在計畫第一年抵達台灣π一南一北的「雪泥」和「東澳鼻」兩個神聖的轉角點，繼「十二小時雪泥航班」後，繼續開出「八小時東澳鼻航班」。

鋒面下的航行必然受苦，但仍有十一位朋友報名參加這趟航班，特別感謝如此風雨中相挺的力量。

遇鋒面，整夜落雨，從碼頭到前往東澳鼻的航程中，整整三個半小時又風又雨，天空落下的是淡水，迎風撲上甲板的是海水，船上所有人全程穿著雨衣，去程在鹹鹹淡淡的雨水、海水中埋首苦行。

回程雨停了，船隻乘北風浪依沿岸流返航。

計畫第一年，完成台灣π上緣南北約一百八十五公里航程，因為抵達，因為完成，所以來年就能繼續航行。我們接受第一年的經驗，據以規劃二〇二四年的計畫航程，冀望三年的計畫航程能遍布黑潮攜著大洋巡游隊伍通過的這段台灣π海域。來年我們打算將航線延伸為台灣π的整個內緣，一步一腳印、一波一浪痕地航過台灣東部的大洋藍色國土。

鳥瞰東澳鼻。　攝影／廖鴻基

二〇二四展望

廖鴻基

「π計畫」翻過年底將進入二〇二四年，也就是第二年，以第一年經驗為基礎，我們將參考調整並認真努力地繼續延伸航程，充實台灣的海洋資產。

二〇二三年記錄了不少抹香鯨尾鰭照片，我們將透過大數據著手建立這幾群太平洋抹香鯨的基本身世。我們會公開尾鰭照片，歡迎國內外手上有太平洋抹香鯨尾鰭照片的朋友來比對、來相認。

我們將比對抹香鯨在太平洋海域出沒的熱點，對照水深和海底地型關係，希望能分析推論牠們出現在台灣π海域的原因。

二〇二三年的初步成果，我們將以成果發表形式在台灣各地分享，盼望台灣社會明白，海洋是我們的家園，抹香鯨是生活在台灣家園的厝邊隔壁。

看我們在海上如此專注且興致盎然，岸上的朋友常問，何以樂此不疲？

當生命來到恰當位置，好比藝人登上舞台、靈感覓得適當的殼、戰士找到戰場，工作船一趟趟帶我們來到平常時候到不了的位置。這位置的光度、風景，這個點上的水質和水波完全不同。這裡的海，漂浮著孤獨，這位置的海允許我原本僵固的心懸浮其中、允許我浸水的心能與水面底下蘊藏的巨大生命對話。我看著海面呼吸起伏，隱約聽見大洋的心跳。「π 計畫」讓我們來到這難得的位置，多少託付、多少恩情、多少夢想的牽繫讓我們來到這個位置，何其榮幸，也何其奢侈，怎麼可能感到疲倦，怎麼可能辜負每一份的支持與委託。

這天出發不久便遇到了大群弗氏、花紋海豚混群的大隊伍中，不久又發現隱藏在大群體中約五、六隻小虎鯨。心裡有底但原因不明，這天會是個豐收的航程。這情況讓我想到，海洋是一片開闊的宇宙，工作船是一艘身負發現新天地任務的太空船，鯨豚是盤旋其中的星雲。開闊對比渺小，我們只能擁有侷限的機會接觸到經過太空船邊的流星雨，而主要的目標——大行星，牠們存在，而且就在周邊某處。但開闊是最好的隱匿，我們能清楚感知但航程究竟有限。

無論是探索奇蹟，或回頭憑以豐實島國海洋資產的夢想，我們須要時間編織航跡，須要以航線耕耘這片蘊涵無窮可能的海洋家園。

奇蹟如夢境般無可預期，但我們已經來到這值得期待的關鍵位置上。時間在這裡是易溶的粉末，夢想浮在海面化成光影，奇蹟也許就在薄薄一層水液相隔的船隻周邊。

至少我們已經航行在只要認真努力就有機會翻開島國新頁的位置上。

混在大群弗氏、花紋海豚群中的幾隻小虎鯨。　攝影 / 廖鴻基

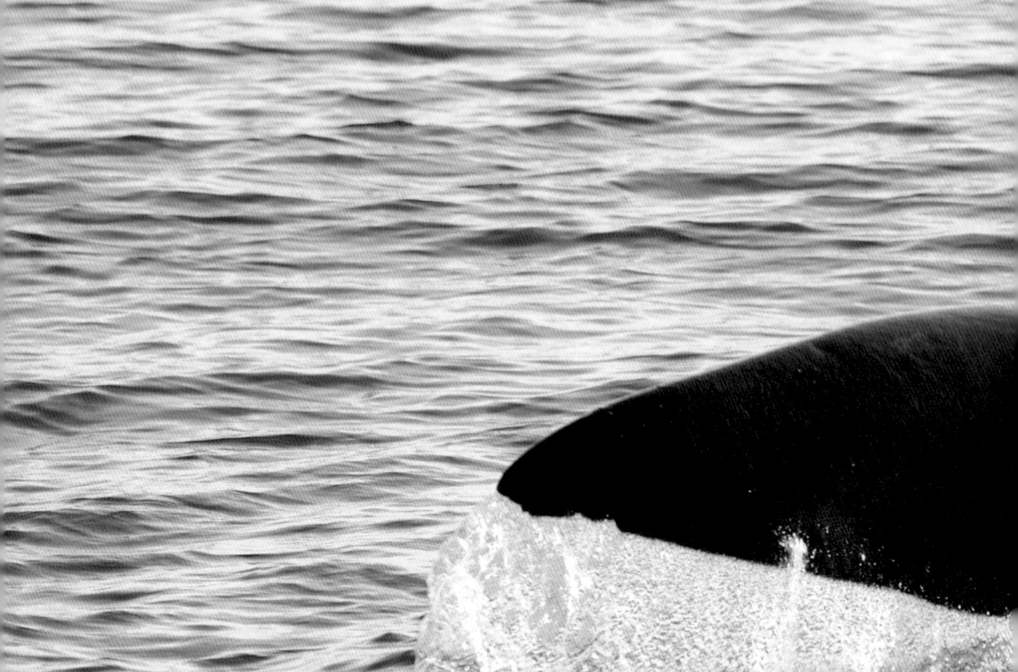

抹香鯨尾鰭。　攝影／藍振峰